西南地区建筑标准设计参考图集

蜀羊 SEP系列 HEP系列 防水材料构造图集

西南17J/C304

西南地区建筑标准设计协作领导小组
四川西南建标科技发展有限公司 组编

西南交通大学出版社
·成　都·

图书在版编目（CIP）数据

蜀羊SEP系列、HEP系列防水材料构造图集／西南地区建筑标准设计协作领导小组，四川西南建标科技发展有限公司组编．—成都：西南交通大学出版社，2017.4

（西南地区建筑标准设计参考图集）

ISBN 978-7-5643-5414-5

Ⅰ．①蜀…　Ⅱ．①西…　②四…　Ⅲ．①防水材料－图集　Ⅳ．①TU57-64

中国版本图书馆CIP数据核字（2017）第073142号

责任编辑　姜锡伟

封面设计　曹天擎

西南地区建筑标准设计参考图集

蜀羊 SEP系列 HEP系列 防水材料构造图集

西南地区建筑标准设计协作领导小组
四川西南建标科技发展有限公司　**组编**

出版发行	西南交通大学出版社 （四川省成都市二环路北一段111号 西南交通大学创新大厦21楼）
发行部电话	028-87600564　028-87600533
邮政编码	610031
网址	http://www.xnjdcbs.com
印刷	四川煤田地质制图印刷厂
成品尺寸	260 mm × 185 mm
印张	2.5
字数	63千
版次	2017年4月第1版
印次	2017年4月第1次
书号	ISBN 978-7-5643-5414-5
定价	22.00元

蜀羊 SEP系列 HEP系列 防水材料构造图集

西南17J/C304

实施日期：2017年5月1日

主编单位：中国建筑西南设计研究院有限公司

协编单位：四川蜀羊防水材料有限公司

主编单位负责人

主编单位技术负责人

技术审定人

设计负责人

目　　录

编审　编校　校核 南艳丽　编制 王晓

校核 南艳丽 南艳丽 编制 王晓 王晓

目　录

校核 南艳丽 南艳丽 编制 王晓

1 设计依据

现行国家标准、规范:

《屋面工程技术规范》 GB 50345-2012

《屋面工程质量验收规范》 GB 50207-2012

《坡屋面工程技术规范》 GB 50693-2012

《种植屋面工程技术规程》 JGJ 155-2013

《地下工程防水技术规范》 GB 50108-2008

《地下防水工程质量验收规范》 GB 50208-2011

《城市综合管廊工程技术规范》 GB 50838-2015

《建筑工程施工质量验收统一标准》 GB 50300-2013

《自粘聚合物改性沥青防水卷材》 GB 23441-2009

《湿铺/预铺防水卷材》 GB/T 23457-2009

《聚氨酯防水涂料》 GB/T 19250-2013

《水泥基渗透结晶型防水涂料》 GB 18445-2012

《塑料防护排水板》 JC/T 2112-2012

《建筑设计防火规范》 GB 50016—2014

当以上规范进行修订或有新的标准、规范出版实施时，应对本图集内容进行复核后使用，并按新的标准、规范执行。

2 适用范围

本图集适用于西南地区新建建筑的屋面、地下室以及部分地下构筑物的防水工程,既有建筑改造的建筑防水工程可参照执行。其他特殊地区、特殊工程或有特殊要求的防水工程应按照国家有关规范、规定执行。

3 编制内容

本图集是根据四川蜀羊防水材料有限公司、四川省蜀羊防水工程有限公司研发生产的SEP、HEP系列防水产品，以节能环保为理念编制的建筑工程防水构造做法。其中包括屋面、地下室、明挖、综合管廊等防水节点做法。

4 主要防水材料的分类、特点及主要性能 见表4

表4 主要防水材料分类表

序号	防水材料名称
1	SEP-2000交联反应型自粘高分子防水卷材
2	SEP-3000高分子自粘胶膜（非沥青基）
3	HEP-1000白色聚氨酯防水涂料
4	HEP-2000非固化橡胶沥青防水涂料

4.1 SEP-2000交联反应型自粘高分子防水卷材

SEP-2000交联反应型自粘高分子防水卷材是采用先进的交联反应压敏胶和强力层压膜技术，通过特殊工艺复合而成的防水卷材。全进口基膜与全新升级粘结料赋予了SEP-2000卷材良好的粘结性能；高强度与高延伸达到黄金平衡；防窜水性好；具有自愈/蠕变性好；抗紫外线性能强，尺寸稳定，抗穿刺耐撕裂；施工工法灵活，简单方便，安全环保。其性能指标见表4.1.1、表4.1.2。

表4.1.1 SEP交联反应型自粘高分子防水卷材（湿铺法）性能指标

序号	项目		指标	
			I	II
1	拉伸性能	拉力/(N/50mm) ≥	150	200
		最大拉力时伸长率/% ≥	30	150
2	撕裂强度/N ≥		30	
3	耐热性		70℃，2h无位移、流淌、滴落	
4	低温柔性/℃		-15	-25
			无裂纹	
5	不透水性		0.3 MPa，120 min 不透水	
6	卷材与卷材剥离强度（搭接边）/(N/mm) ≥	无处理	1.0	
		热处理	1.0	
7	渗油性/张数 ≤		2	
8	持粘性/min ≥		15	
9	与水泥砂浆剥离强度/(N/mm) ≥	无处理	2.0	
		热处理	1.5	
10	与水泥砂浆浸水后剥离强度/(N/mm) ≥		1.5	
11	热老化（80℃，168h）	拉力保持率/% ≥	90	
		伸长率保持率/% ≥	80	
		低温柔性/℃	-13	-23
			无裂纹	
12	热稳定性	外观	无起鼓、滑动、流淌	
		尺寸变化/% ≤	1.5	

表4.1.2 SEP交联反应型自粘高分子防水卷材（干铺法）性能指标

序号	项目		指标	
			PE	PET
1	拉伸能力	拉力/(N/50m) ≥	200	
		最大拉力时延伸率/% ≥	200	30
		沥青断裂延伸率/% ≥	250	150
		拉伸时现象	拉伸过程中，在膜断裂前无沥青涂盖层与膜分离现象	
2	钉杆撕裂强度/N ≥		110	40
3	耐热性		70℃滑动不超过2 mm	
4	低温柔性/℃		-20	
			无裂纹	
5	不透水性		0.2 MPa，120 min 不透水	
6	剥离强度/(N/mm) ≥	卷材与卷材	1.0	
		卷材与铝板	1.5	
7	钉杆水密性		通过	
8	渗油性/张数 ≤		2	
9	持粘性/min ≥		20	
10	热老化	拉力保持率/% ≥	80	
		最大拉力时延伸率/% ≥	200	30
		低温柔性/℃	-18	
			无裂纹	
		剥离强度卷材与铝板/(N/mm) ≥	1.5	
11	热稳定性	外观	无起鼓、皱褶、滑动、流淌	
		尺寸变化/% ≤	2	

4.2 SEP-3000分子自粘胶膜（非沥青基）防水卷材

SEP-3000 高分子自粘胶膜是以高密度聚乙烯（HDPE）为基材，由高分子自粘胶和表面颗粒保护层（或隔离膜）制成，是专为地下工程开发的预铺反粘法施工的防水卷材。

校核 南艳丽 编制 王晓

自粘胶膜的胶层与混凝土主体粘结成一体，真正实现“皮肤式防水”，用于地下工程的底板和侧墙防水，也可用于其他采用预铺反粘施工方法的部位。其性能指标见表4.2。

表4.2 SEP-3000分子自粘胶膜防水卷材性能指标

序号	项目		指标
			P
1	拉伸性能	拉力/(N/50mm) ≥	500
		膜断裂伸长率/% ≥	400
2	钉杆撕裂强度/N ≥		400
3	冲击性能		直径（10±0.1）mm，无渗漏
4	静态荷载		20 kg，无渗漏
5	耐热性		70℃，2 h无位移、流淌、滴落
6	低温弯折性		-25℃，无裂纹
7	渗油性/张数≤项目		1
8	防窜水性（水力梯度）		0.6 MPa，不窜水
9	与后浇砂浆剥离强度/(N/mm)≥	无处理	2.0
		水泥粉污染表面	1.5
		泥沙污染表面	1.5
		紫外线老化	1.5
		热老化	1.5
10	与后浇砂浆浸水后剥离强度/(N/mm)≥项目		1.5
11	热老化（80℃，168h）	拉力保持率/%≥	90
		伸长率保持率/%≥	80
		低温弯折性	-23℃，无裂纹
12	热稳定性	外观	无起皱、滑动、流淌
		尺寸变化/%≤	2.0

4.3 HEP-1000白色聚氨酯防水涂料

HEP-1000白色聚氨脂防水涂料是以异氰酸酯、聚醚多元醇为基本成分，配以各种助剂和填料经加压聚合反应制成的。使用时涂覆于防水基层，通过聚氨酯预聚体中的—NCO端基与空气中的湿气接触后进行化学反应，形成坚韧、柔软和无接缝的橡胶防水膜。该材料为纯白色，属极易识别的环保颜色；白色聚氨酯不含焦油、液体古马隆等致癌物质，具有粘结力强、强度高、延伸率大、弹性好、适应基层变形能力强、抗老化性能好等优点。其主要性能指标见表4.3。

表4.3 HEP-1000白色聚氨酯防水涂料性能指标

序号	项目	指标		
		I	II	III
1	固体含量/%	单组分85，双组分92		
2	表干时间/h	≤12		
3	实干时间/h	≤24		
4	流平性a	20min时，无明显齿痕		
5	拉伸强度/MPa ≥	2.00	6.00	12.00
6	断裂伸长率/% ≥	500	450	250
7	撕裂强度/（N/mm）≥	15	30	40
8	低温弯折性	-35℃，无裂纹		
9	不透水性	0.3 MPa，120 min，不透水		

4.4 HEP-2000非固化橡胶沥青防水涂料

HEP-2000非固化橡胶沥青防水涂料是以优质石油沥青、高分子改性剂及特种添加剂配制而成，在应用状态下长期保持黏性膏状体的一种具有新型固化物的含量大，粘结性强，永不固化，施工后始终保持黏稠状态，可解决因基层开裂应力传递给防水层造成的防水层断裂、挠曲疲劳的特点的防水材料。其主要物理性能指标见表4.4。

表4.4 HEP-2000非固化橡胶沥青防水涂料物理性能指标

序号	项目	指标
1	固含量/% ≥	80
2	低温柔性	-20℃，无裂纹
3	延伸性/mm ≥	15
4	耐热度	(65±2)℃ 无滑动、流淌、滴落
5	不透水性	0.3 MPa，30 min无渗漏

5 施工要求及要点

5.1 SEP-2000交联反应型自粘高分子防水卷材施工（干铺法）

5.1.1 施工条件

基层应平整、坚实、干净、干燥，无空鼓、松动、起砂、麻面等缺陷。阴角处做成圆弧（半径不宜小于50 mm）或45°坡角，阳角处用水泥砂浆抹成半径不小于10 mm的圆弧。

5.1.2 施工要点

1）施工流程：基层清理→涂刷配套基层处理剂→细部节点加强处理→弹基准线→大面自粘卷材铺贴→排气压实→搭接缝处理→收头与密封处理→自检验验→保护层施工。

2）定位、试铺：在已弹好的卷材控制线，依循流水方向从低往高进行卷材试铺。将卷材摊开并调整对齐基准线，放置10 min左右预释放应力，保证卷材铺贴平直。

3）大面防水层自粘卷材铺贴

①卷材长边、短边搭接宽度为100 mm，卷材搭接缝应精心处理，相邻两排卷材的短边接头应相互错开300 mm以上，以免多层接头重叠而使得卷材粘贴不平服。

②辊压排气：待卷材铺贴完成后，擀压排气，由里向外排气压实，使卷材充分满粘于基面上。边缘用卷材密封膏进行封闭处理。

③自粘卷材粘贴后，不宜长时间暴晒，若受阳光暴晒可能会出现表面皱褶现象。防水层宜在施工完毕3 d内隐蔽。

④自粘系列卷材适宜的施工温度为5 ℃～35 ℃。气温低于5 ℃时，卷材的粘结性下降，应用热风焊枪加热后粘贴；或在气温低于5 ℃时，选用相应的低温施工自粘卷材。

5.2 SEP-2000交联反应型自粘高分子防水卷材施工（湿法）

5.2.1 施工条件

基层应坚实、洁净、湿润、无积水。阴角处做成圆弧（半径不宜小于50 mm）或45°坡角；阳角处用水泥砂浆抹成半径不小于10 mm的圆弧。

5.2.2 施工要点

1）施工流程：基层清理→弹线放样→配制聚合物水泥

粘结料→细部节点处理→铺设自粘防水卷材→接缝处理→擀压排气→自检报验→保护层施工。

2)水泥浆料的配制：水泥：水：胶粉＝100：30：1(重量比)，所用水泥为P.O42.5普通硅酸盐水泥，用电动搅拌器搅拌5 min左右至均匀成腻子状即可使用；当气温过高(≥30℃)，基面过于干燥时适量添加聚合物专用胶充分拌均匀后使用。

3)涂刮配制好的水泥浆料：将配制好的浆料涂刮在基层上，其厚度视基层平整情况而定，应以2 mm～3 mm为宜。

4）铺贴卷材

①搭接处理：卷材与卷材之间宜为本体自粘，搭接宽度为80 mm。

②辊压排气：待卷材铺贴完成后，擀压排气，由里向外排气压实，使卷材充分满粘于基面上。

③湿铺自粘卷材铺贴完成后养护48 h（具体时间视环境温度而定，一般情况下，温度愈高所需时间愈短）。

④自粘卷材粘贴后，不宜长时间暴晒，若受阳光暴晒可能会出现表面皱褶现象。

⑤自粘系列卷材适宜的施工温度为5 ℃～35 ℃。气温低于5 ℃时，卷材的粘接性下降，应用热风焊枪加热后粘贴；或在气温低于5 ℃时，选用相应的低温施工自粘卷材。

5.3 SEP-3000分子自粘胶膜防水卷材（预铺反粘法）

5.3.1 施工要求

基层应坚实、平整，无明显积水，阴角处做成圆弧（半径不宜小于50 mm）或45°坡角；阳角处用水泥砂浆抹成半径不小于10 mm的圆弧。

5.3.2 施工要点

1）施工流程：清理基层→基面弹线→细部节点部位处理→铺贴预铺自粘防水卷材→卷材搭接处理→自检验收→绑扎钢筋及浇筑混凝土。

2）定位、试铺：根据在基层上弹好的控制线，依循流水方向从低往高进行试铺，先将第一幅卷材按弹线定位空铺在基面上，卷材的反应粘结层隔离纸面朝向结构层，另一面朝向基层，预先铺在垫层上。操作人员细心校正卷材位置。

3）大面防水层自粘卷材铺贴

①长边采用自粘边自身搭接，搭接宽度为70 mm；短边搭接宽度为≥80 mm，采用150 mm宽的丁基橡胶防水胶带搭接。

②立面施工时，应在自粘边位置距离卷材边缘10 mm～20 mm范围内，每隔400 mm～600 mm进行机械固定，确保固定结构被卷材完全覆盖。

③从底面折向立面的卷材与永久性保护墙的接触部位，应采用空铺法施工：卷材与临时性保护墙或围护结构模板的接触部位，应将卷材临时贴附在该墙上或模板上，并将顶端临时固定。

④混凝土结构完成，铺贴立面卷材时，应先将接槎部位的各层材料揭开，将其表面清理干净，如卷材有损伤，

应及时进行修补；卷材接槎的搭接长度为150 mm。

⑤成品保护措施：钢筋运输和绑扎时须轻拿轻放，钢筋吊放点采用木板等临时保护，避免钢筋破坏卷材。如移动钢筋需要使用撬棍，应在其下设垫板，避免破坏卷材。焊结钢筋或钢板时，在焊花可能溅射到的部位提前适量洒水并用不燃物进行保护。

6 检查及验收

防水层施工完毕，按相关规范进行验收。合格后应及时做保护。

7 其他

7.1 本图集尺寸单位除特别注明外均为毫米（mm）。

7.2 本图集以四川蜀羊防水材料有限公司提供的技术资料编制，有关问题由该公司负责解释。

7.3 本图集根据四川蜀羊防水材料有限公司提供的SEP-2000交联反应型自粘高分子防水卷材、SEP-3000高分子自粘胶膜（非沥青基）防水卷材等产品技术性能及施工技术进行编制，仅作为建筑工程设计、施工、投资建设技术参考。

7.4 四川蜀羊防水材料有限公司对其提供的产品技术性能及施工技术负技术和法律责任。

7.5 因国家相关规范、标准、规定的修编调整，本图集正式出版发行起，有效使用期定为三年,超过有效期的图集作废，不得使用。

7.6 本图集的索引方法

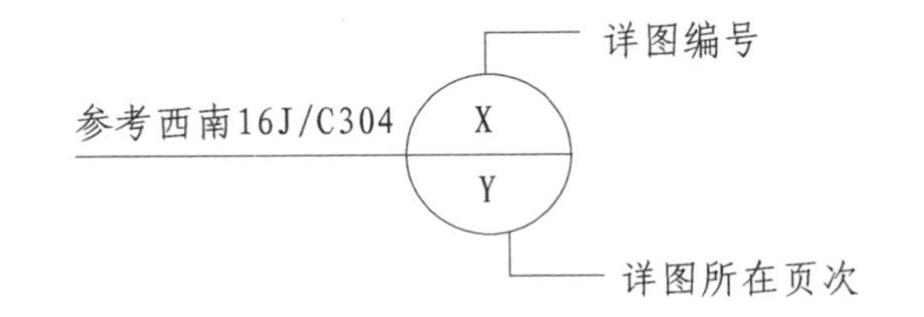

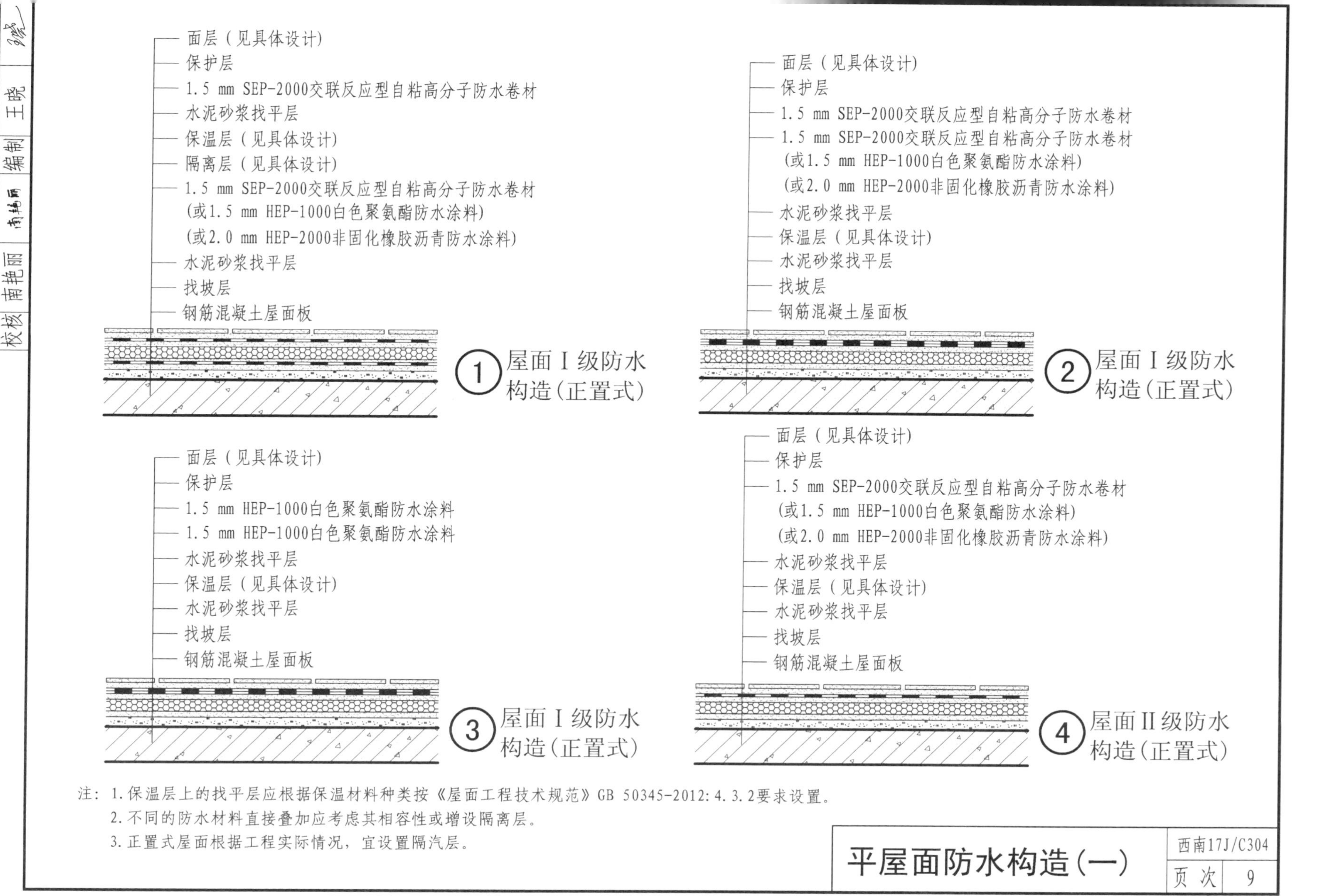

校核 南艳丽
编制 王晓
面层（见具体设计）
保护层
1.5 mm SEP-2000交联反应型自粘高分子防水卷材
水泥砂浆找平层
保温层（见具体设计）
隔离层（见具体设计）
1.5 mm SEP-2000交联反应型自粘高分子防水卷材
(或1.5 mm HEP-1000白色聚氨酯防水涂料)
(或2.0 mm HEP-2000非固化橡胶沥青防水涂料)
水泥砂浆找平层
找坡层
钢筋混凝土屋面板
① 屋面Ⅰ级防水构造（正置式）
面层（见具体设计）
保护层
1.5 mm SEP-2000交联反应型自粘高分子防水卷材
1.5 mm SEP-2000交联反应型自粘高分子防水卷材
(或1.5 mm HEP-1000白色聚氨酯防水涂料)
(或2.0 mm HEP-2000非固化橡胶沥青防水涂料)
水泥砂浆找平层
保温层（见具体设计）
水泥砂浆找平层
找坡层
钢筋混凝土屋面板
② 屋面Ⅰ级防水构造（正置式）
面层（见具体设计）
保护层
1.5 mm HEP-1000白色聚氨酯防水涂料
1.5 mm HEP-1000白色聚氨酯防水涂料
水泥砂浆找平层
保温层（见具体设计）
水泥砂浆找平层
找坡层
钢筋混凝土屋面板
③ 屋面Ⅰ级防水构造（正置式）
面层（见具体设计）
保护层
1.5 mm SEP-2000交联反应型自粘高分子防水卷材
(或1.5 mm HEP-1000白色聚氨酯防水涂料)
(或2.0 mm HEP-2000非固化橡胶沥青防水涂料)
水泥砂浆找平层
保温层（见具体设计）
水泥砂浆找平层
找坡层
钢筋混凝土屋面板
④ 屋面Ⅱ级防水构造（正置式）
注：1.保温层上的找平层应根据保温材料种类按《屋面工程技术规范》GB 50345-2012: 4.3.2要求设置。
2.不同的防水材料直接叠加应考虑其相容性或增设隔离层。
3.正置式屋面根据工程实际情况，宜设置隔汽层。
平屋面防水构造（一）
西南17J/C304
页次 9

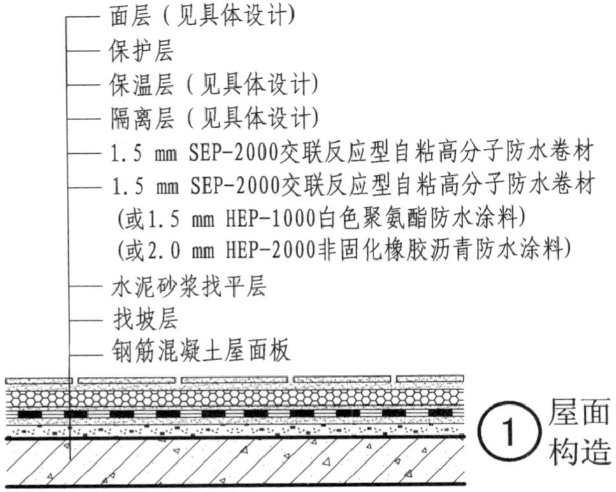

面层(见具体设计)
保护层
保温层(见具体设计)
隔离层(见具体设计)
1.5 mm SEP-2000交联反应型自粘高分子防水卷材
1.5 mm SEP-2000交联反应型自粘高分子防水卷材
(或1.5 mm HEP-1000白色聚氨酯防水涂料)
(或2.0 mm HEP-2000非固化橡胶沥青防水涂料)
水泥砂浆找平层
找坡层
钢筋混凝土屋面板

① 屋面Ⅰ级防水构造(倒置式)

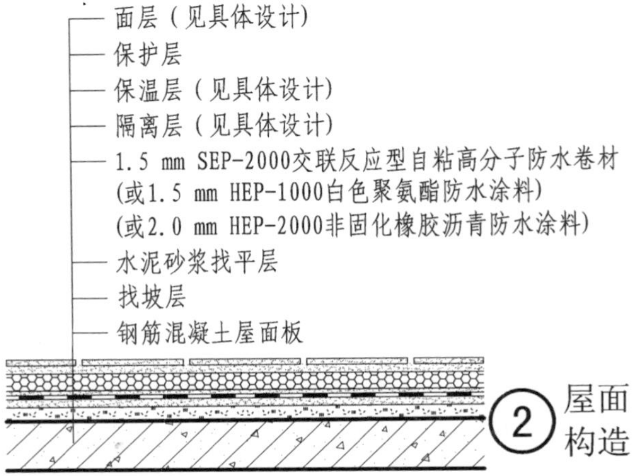

面层(见具体设计)
保护层
保温层(见具体设计)
隔离层(见具体设计)
1.5 mm SEP-2000交联反应型自粘高分子防水卷材
(或1.5 mm HEP-1000白色聚氨酯防水涂料)
(或2.0 mm HEP-2000非固化橡胶沥青防水涂料)
水泥砂浆找平层
找坡层
钢筋混凝土屋面板

② 屋面Ⅱ级防水构造(倒置式)

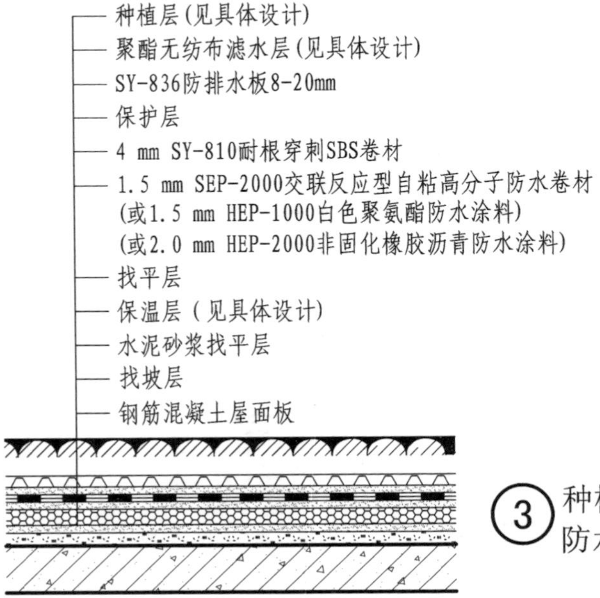

种植层(见具体设计)
聚酯无纺布滤水层(见具体设计)
SY-836防排水板8-20mm
保护层
4 mm SY-810耐根穿刺SBS卷材
1.5 mm SEP-2000交联反应型自粘高分子防水卷材
(或1.5 mm HEP-1000白色聚氨酯防水涂料)
(或2.0 mm HEP-2000非固化橡胶沥青防水涂料)
找平层
保温层(见具体设计)
水泥砂浆找平层
找坡层
钢筋混凝土屋面板

③ 种植屋面防水构造

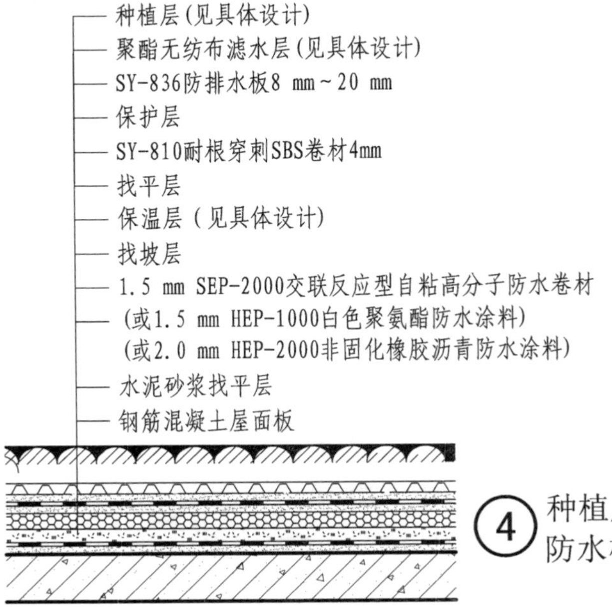

种植层(见具体设计)
聚酯无纺布滤水层(见具体设计)
SY-836防排水板8 mm~20 mm
保护层
SY-810耐根穿刺SBS卷材4mm
找平层
保温层(见具体设计)
找坡层
1.5 mm SEP-2000交联反应型自粘高分子防水卷材
(或1.5 mm HEP-1000白色聚氨酯防水涂料)
(或2.0 mm HEP-2000非固化橡胶沥青防水涂料)
水泥砂浆找平层
钢筋混凝土屋面板

④ 种植屋面防水构造

注:1.保温材料应按《种植屋面工程技术规程》JGJ 155-2013:4.2节规定选用。
2.保护层设置按《种植屋面工程技术规程》JGJ 155-2013:5.1.12的规定选用。

平屋面防水构造(二)

校核 南艳丽 编制 王晓

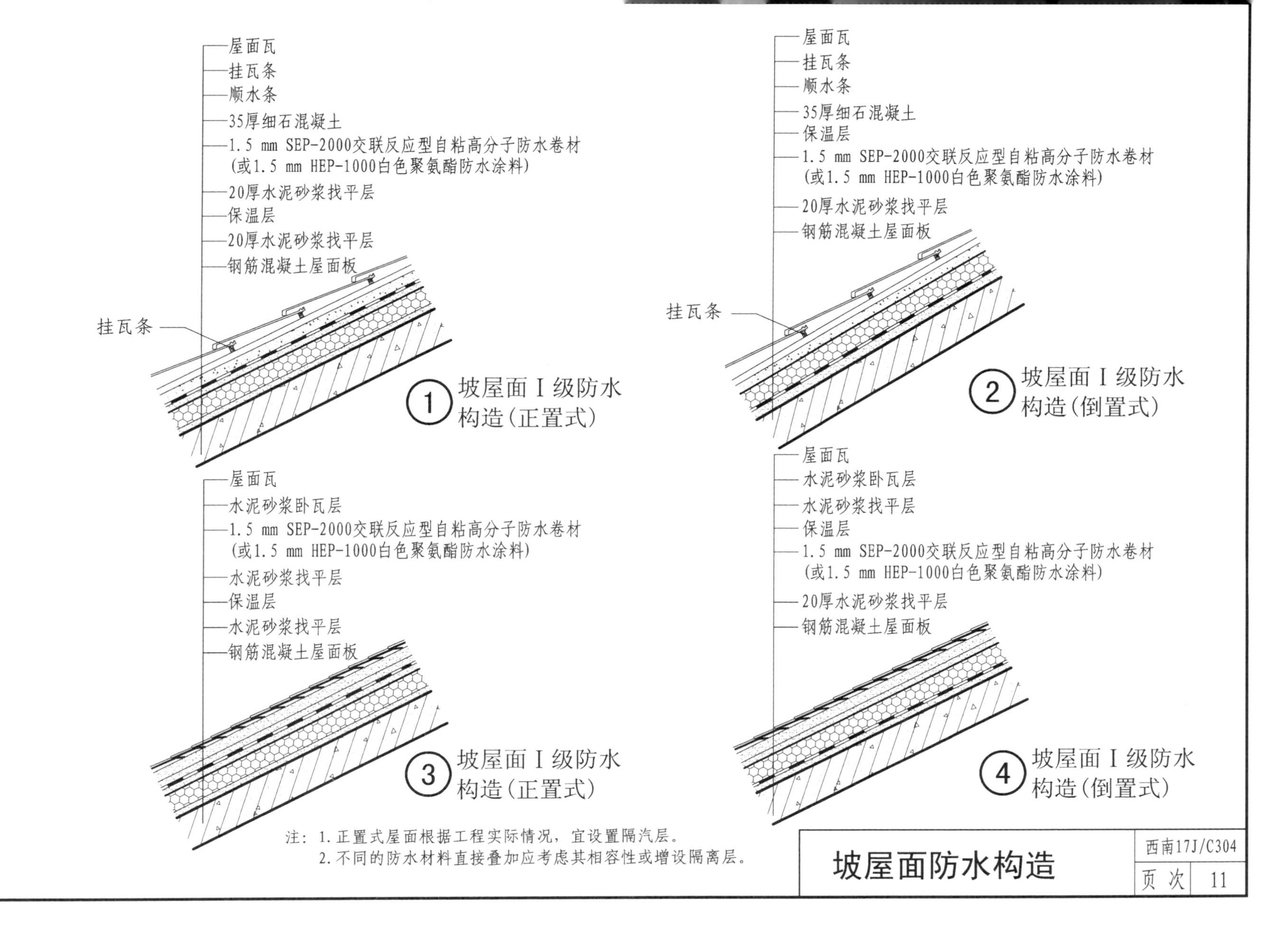

注：1.正置式屋面根据工程实际情况，宜设置隔汽层。
2.不同的防水材料直接叠加应考虑其相容性或增设隔离层。

坡屋面防水构造

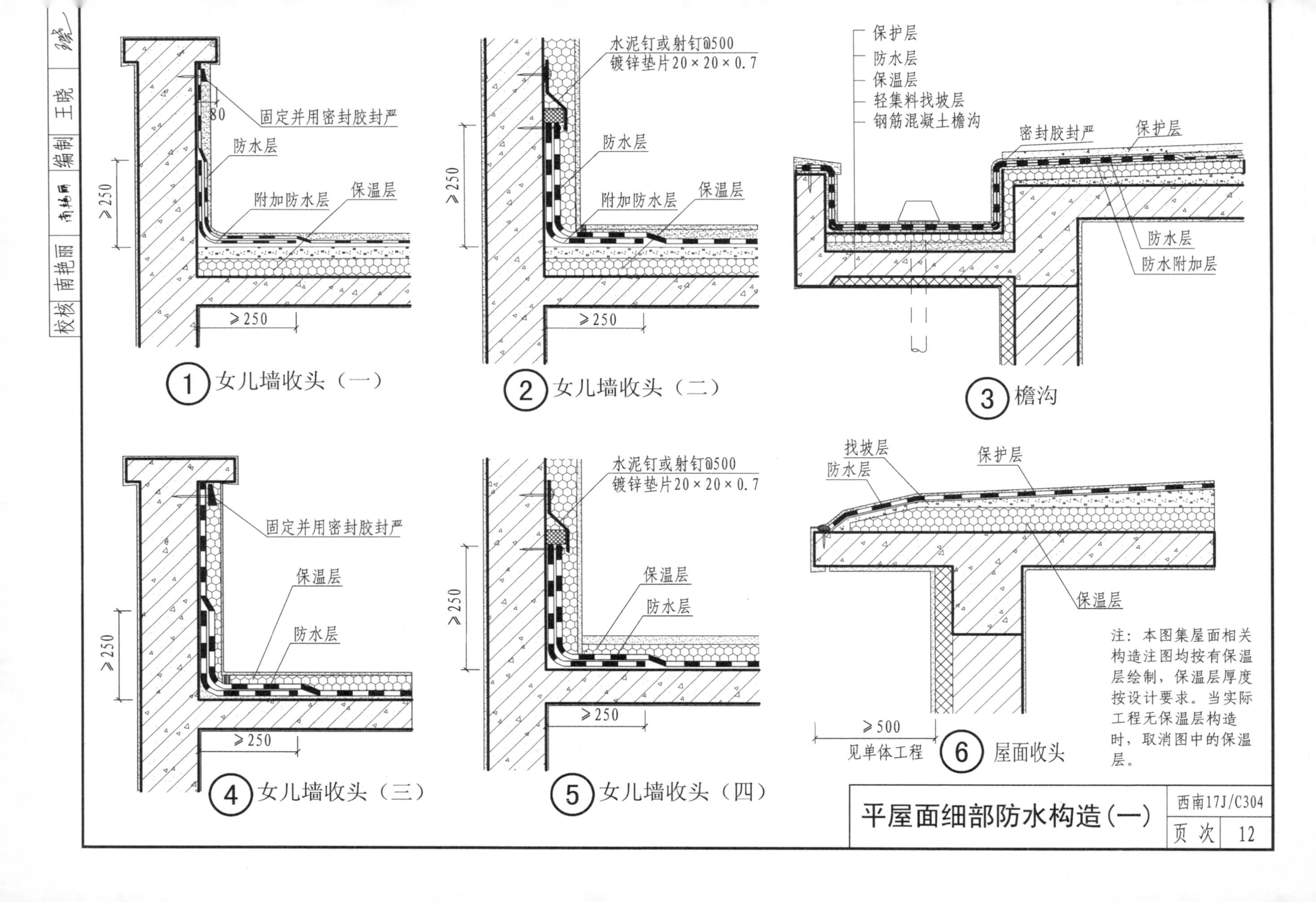

注：本图集屋面相关构造注图均按有保温层绘制，保温层厚度按设计要求。当实际工程无保温层构造时，取消图中的保温层。

平屋面细部防水构造（一）

校核 南艳丽 编制 王晓

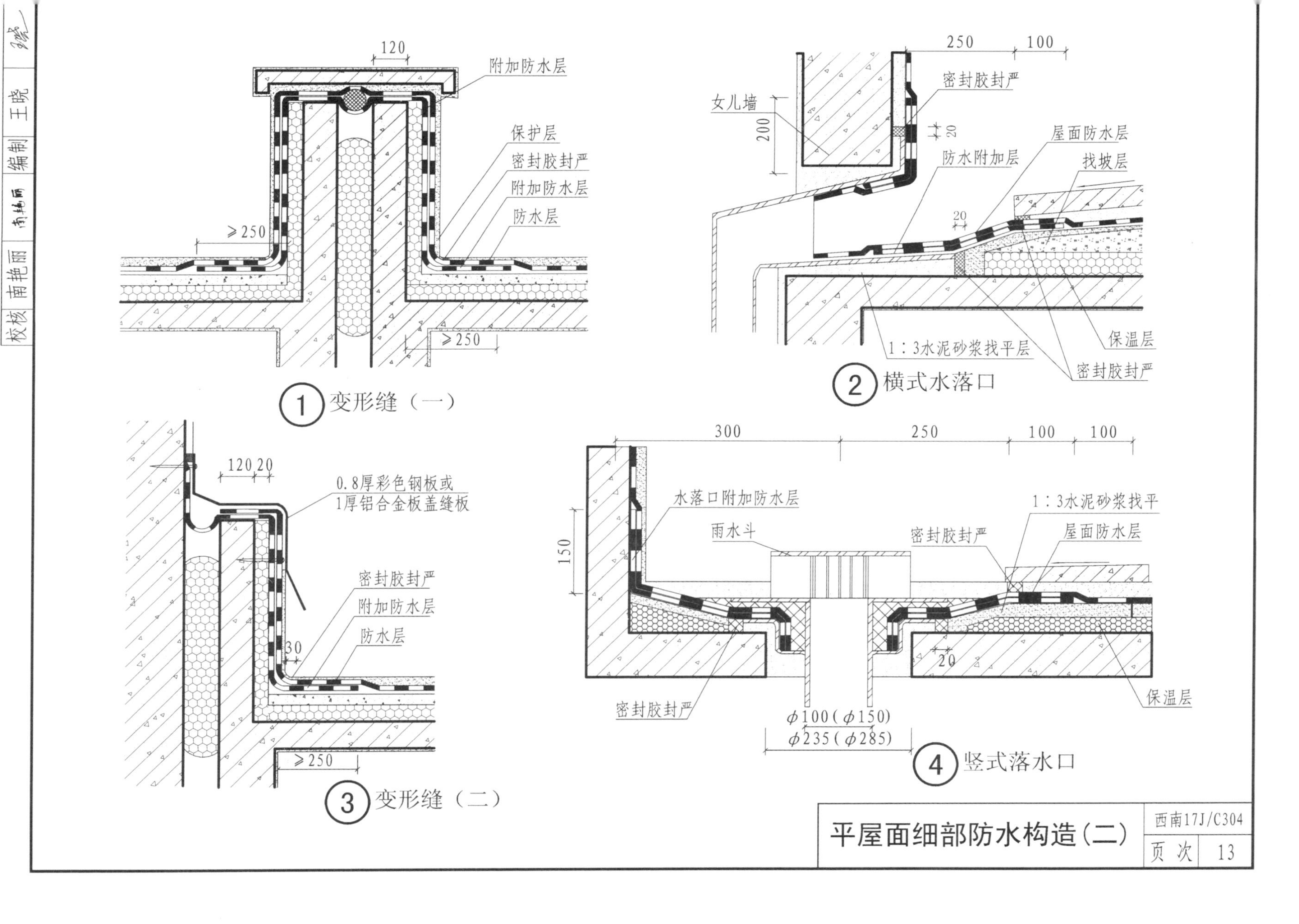

校核 南艳丽
编制 王晓
120
附加防水层
保护层
密封胶封严
附加防水层
防水层
≥250
≥250
① 变形缝（一）
250
100
女儿墙
200
密封胶封严
20
屋面防水层
防水附加层
找坡层
20
保温层
1：3水泥砂浆找平层
密封胶封严
② 横式水落口
120 20
0.8厚彩色钢板或
1厚铝合金板盖缝板
密封胶封严
附加防水层
防水层
30
≥250
③ 变形缝（二）
300
250
100
100
150
水落口附加防水层
雨水斗
密封胶封严
1：3水泥砂浆找平
屋面防水层
20
保温层
密封胶封严
φ100(φ150)
φ235(φ285)
④ 竖式落水口
平屋面细部防水构造(二)
西南17J/C304
页次 13

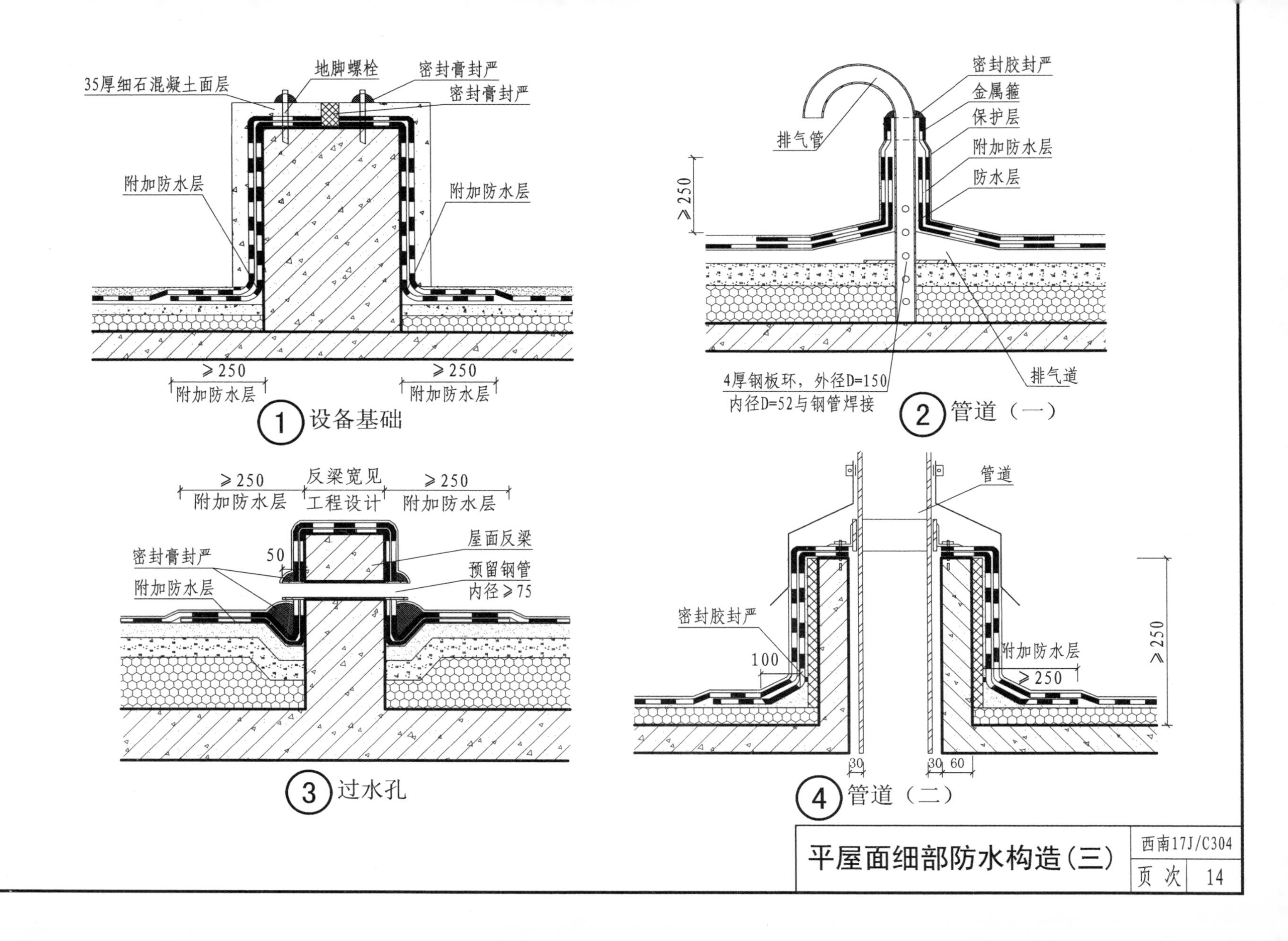

平屋面细部防水构造(三)

西南17J/C304

页次 14

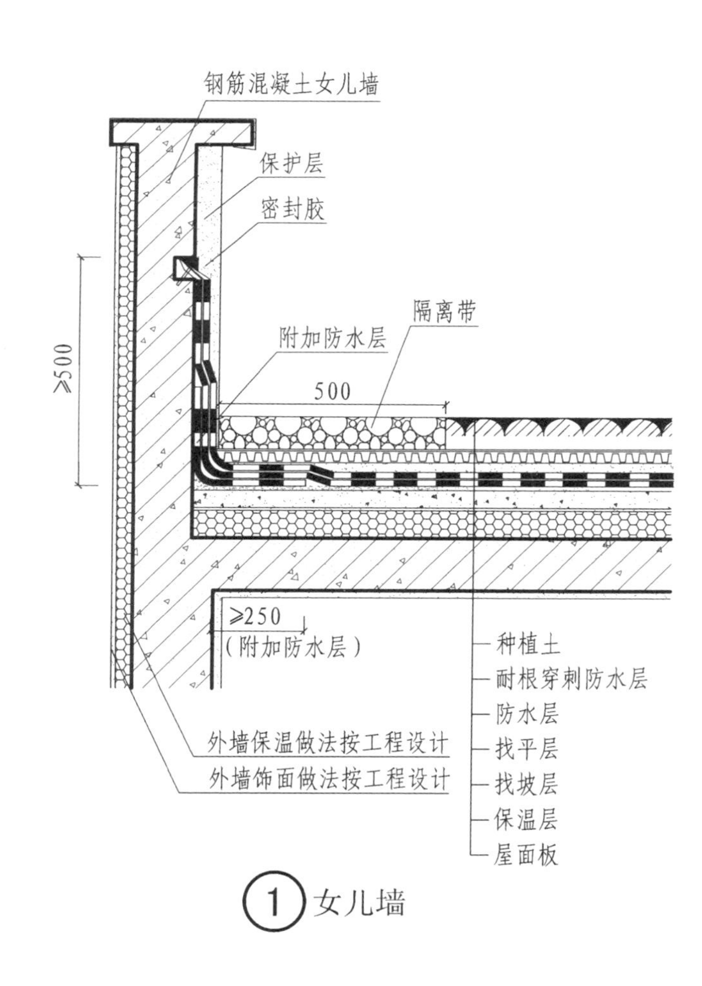

① 女儿墙

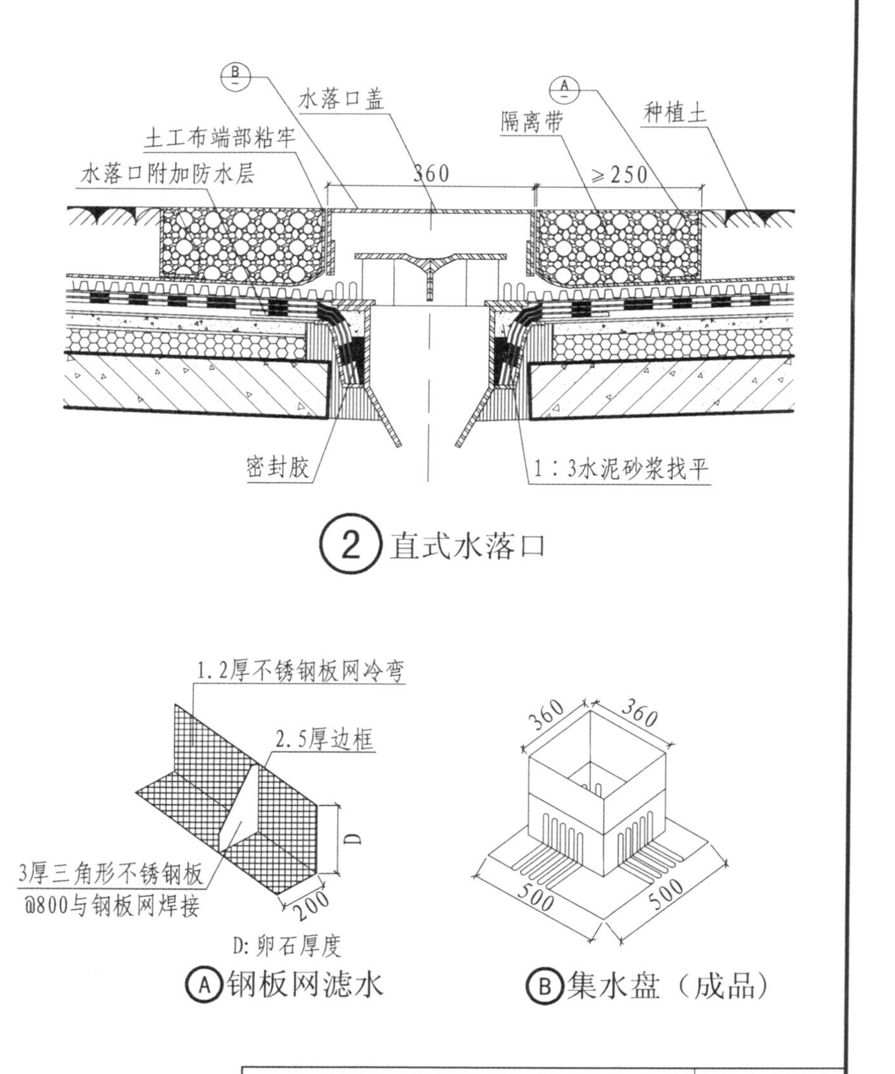

② 直式水落口

Ⓐ钢板网滤水

Ⓑ集水盘（成品）

种植屋面细部防水构造	西南17J/C304	
	页 次	15

校核 南艳丽 编制 王晓

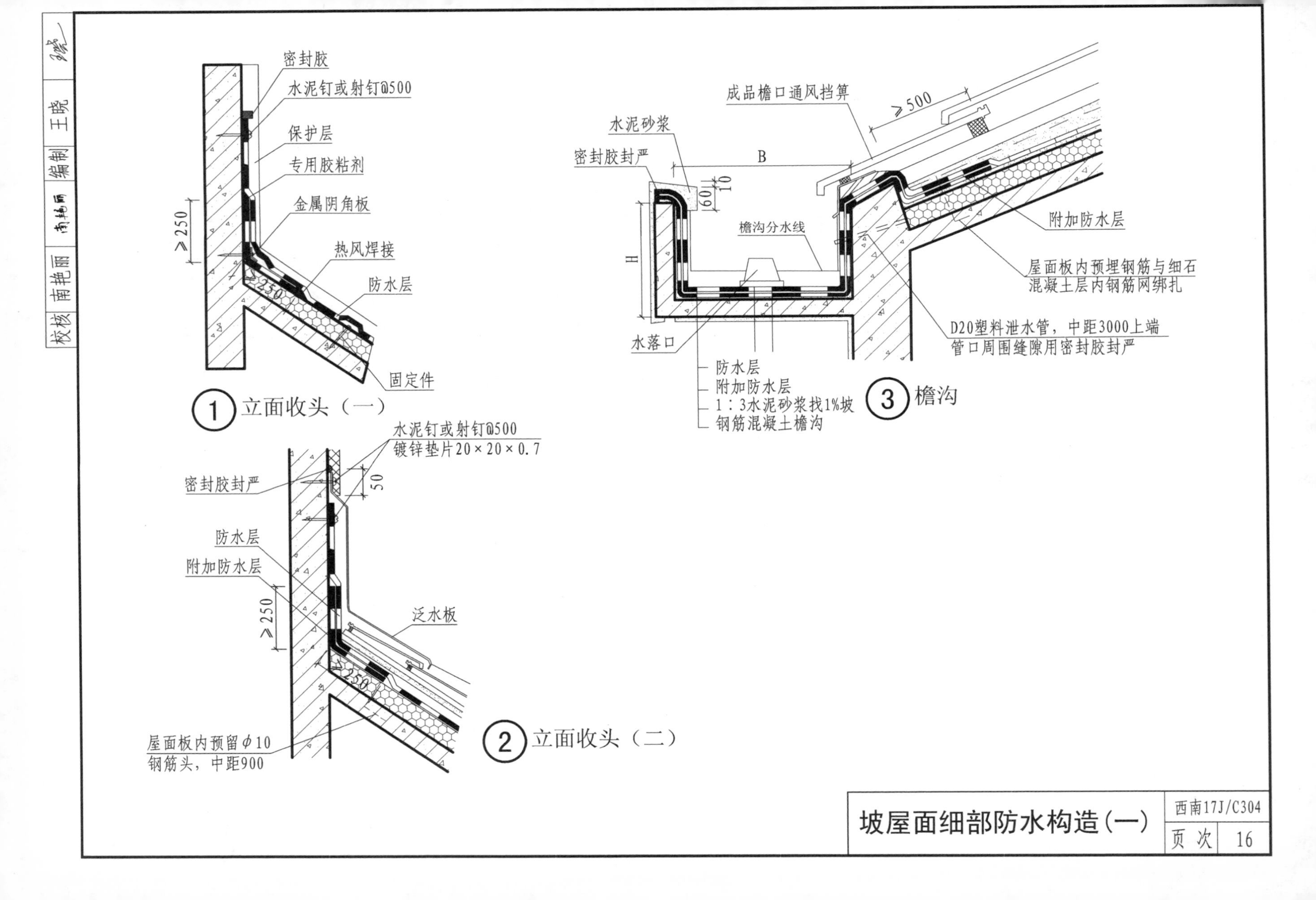
密封胶
水泥钉或射钉@500
保护层
专用胶粘剂
金属阴角板
热风焊接
防水层
固定件
≥250
250
①立面收头（一）
水泥钉或射钉@500
镀锌垫片20×20×0.7
密封胶封严
50
防水层
附加防水层
泛水板
≥250
250
屋面板内预留φ10
钢筋头，中距900
②立面收头（二）
成品檐口通风挡箅
≥500
水泥砂浆
密封胶封严
B
10
60
H
檐沟分水线
附加防水层
屋面板内预埋钢筋与细石
混凝土层内钢筋网绑扎
D20塑料泄水管，中距3000上端
管口周围缝隙用密封胶封严
水落口
防水层
附加防水层
1：3水泥砂浆找1%坡
钢筋混凝土檐沟
③檐沟
校核 南艳丽
编制 王晓

坡屋面细部防水构造(一)

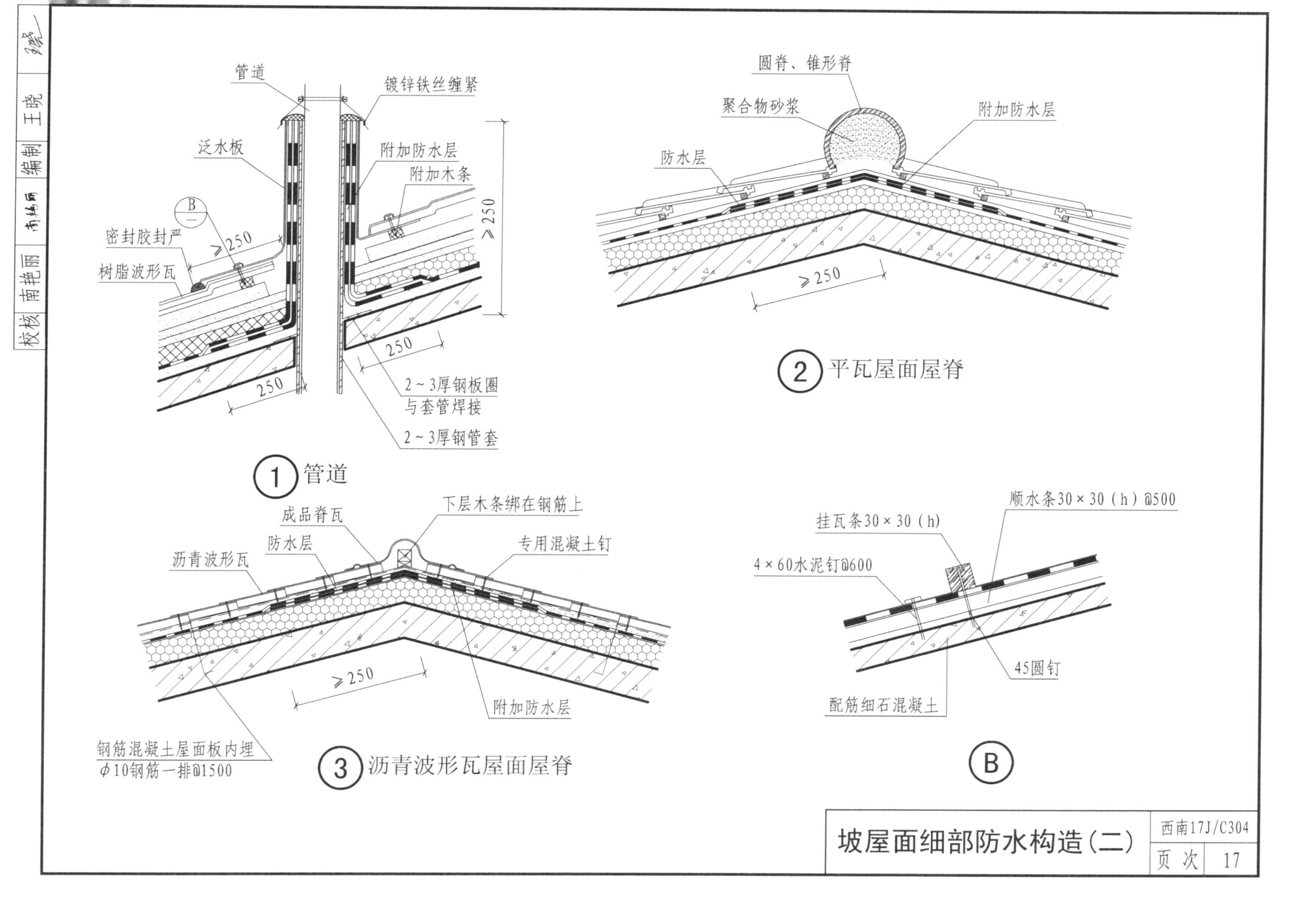
管道
镀锌铁丝缠紧
泛水板
附加防水层
附加木条
B
密封胶封严
≥250
树脂波形瓦
≥250
250
250
2～3厚钢板圈
与套管焊接
2～3厚钢管套
① 管道
圆脊、锥形脊
聚合物砂浆
附加防水层
防水层
≥250
② 平瓦屋面屋脊
成品脊瓦
下层木条绑在钢筋上
防水层
专用混凝土钉
沥青波形瓦
≥250
附加防水层
钢筋混凝土屋面板内埋
φ10钢筋一排@1500
③ 沥青波形瓦屋面屋脊
顺水条30×30（h）@500
挂瓦条30×30（h）
4×60水泥钉@600
45圆钉
配筋细石混凝土
B
校核 南艳丽
编制 王晓
坡屋面细部防水构造（二）
西南17J/C304
页次 17

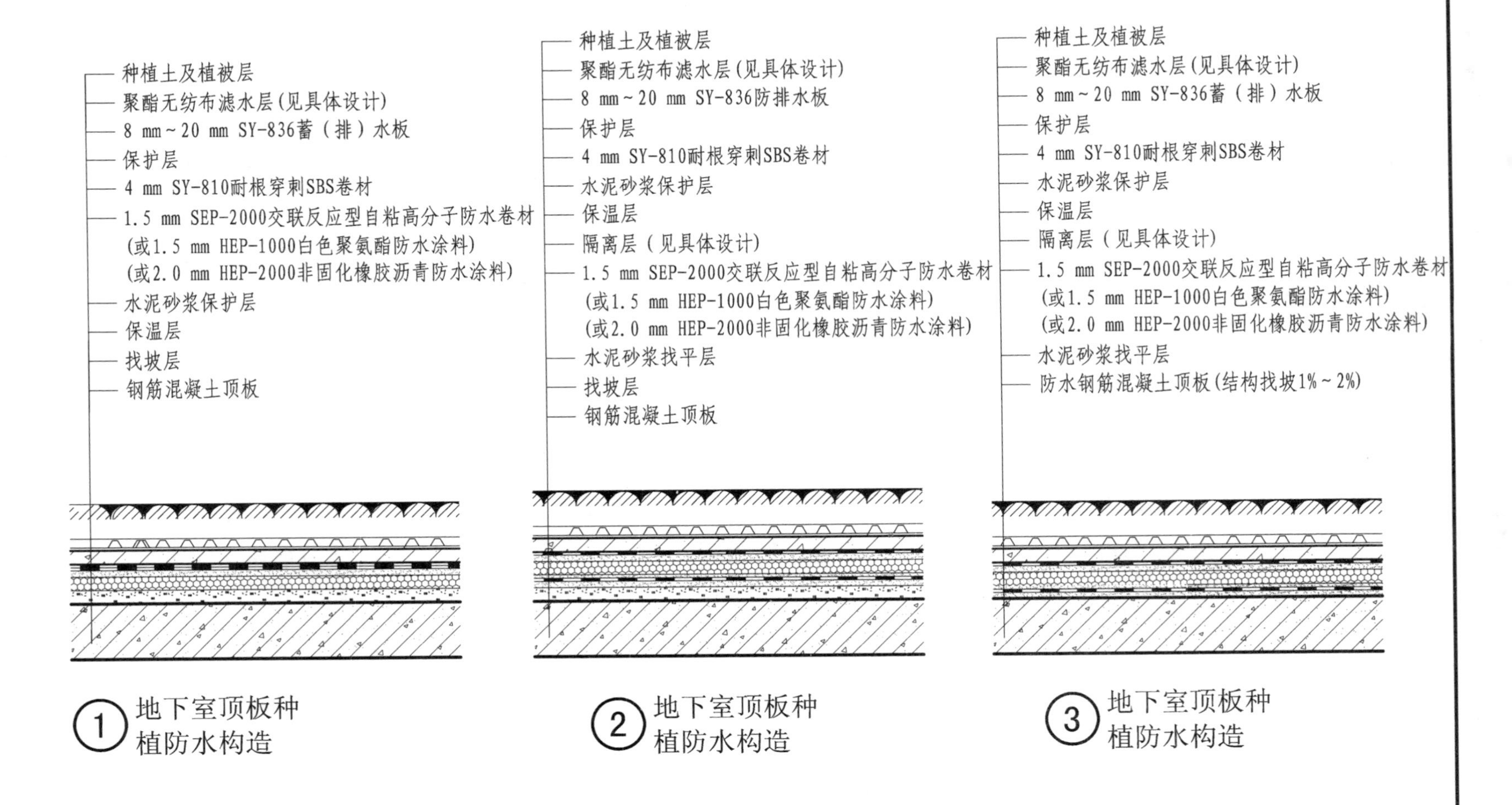

① 地下室顶板种植防水构造

② 地下室顶板种植防水构造

③ 地下室顶板种植防水构造

注：1. 地下室顶板可根据建筑物地下室使用功能确定是否设置保温层。

2. 不同的防水材料直接叠加应考虑其相容性或增设隔离层。

校核 南艳丽 编制 王晓

地下室顶板防水构造(一)

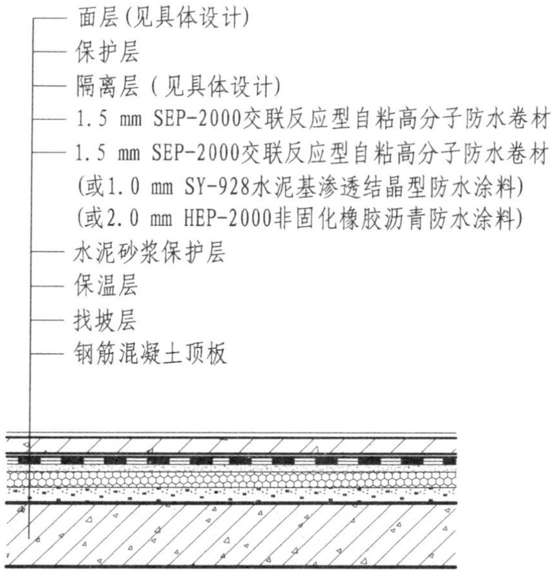

校核 南艳丽 南艳丽 编制 王晓 王晓

面层(见具体设计)
保护层
隔离层(见具体设计)
1.5 mm SEP-2000交联反应型自粘高分子防水卷材
1.5 mm SEP-2000交联反应型自粘高分子防水卷材
(或1.0 mm SY-928水泥基渗透结晶型防水涂料)
(或2.0 mm HEP-2000非固化橡胶沥青防水涂料)
水泥砂浆保护层
保温层
找坡层
钢筋混凝土顶板

③ 地下室顶板一级防水构造

面层(见具体设计)
保护层
保温层
隔离层(见具体设计)
1.5 mm HEP-1000白色聚氨酯防水涂料
(或2.0 mm HEP-2000非固化橡胶沥青防水涂料)
1.0 mm SY-928水泥基渗透结晶型防水涂料
水泥砂浆找平层
找坡层
钢筋混凝土顶板

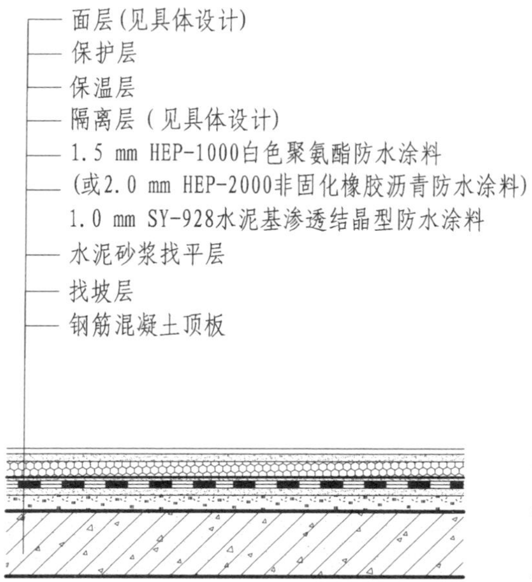

② 地下室顶板一级防水构造

面层(见具体设计)
保护层
隔离层(见具体设计)
1.5 mm SEP-2000交联反应型自粘高分子防水卷材
(或1.5 mm HEP-1000白色聚氨酯防水涂料)
(或2.0 mm HEP-2000非固化橡胶沥青防水涂料)
水泥砂浆保护层
保温层
找坡层
钢筋混凝土顶板

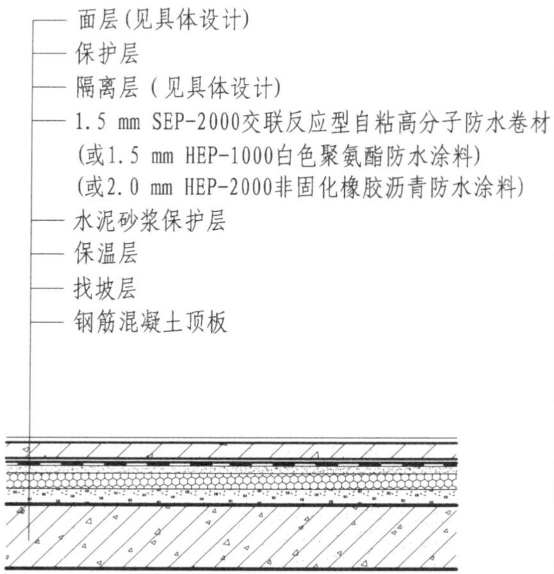

③ 地下室顶板二级防水构造

注：1.地下室顶板可根据建筑物地下室使用功能确定是否设置保温层。
2.不同的防水材料直接叠加应考虑其相容性或增设隔离层。

地下室顶板防水构造(二)

面层(见具体设计)
防水钢筋混凝土底板
细石混凝土保护层
隔离层(见具体设计)
1.5 mm SEP-2000交联反应型自粘高分子防水卷材
1.0 mm SY-928水泥基渗透结晶型防水涂料
(或1.5 mm HEP-1000白色聚氨酯防水涂料)
(或2.0 mm HEP-2000非固化橡胶沥青防水涂料)
水泥砂浆找平层
混凝土垫层
地基土

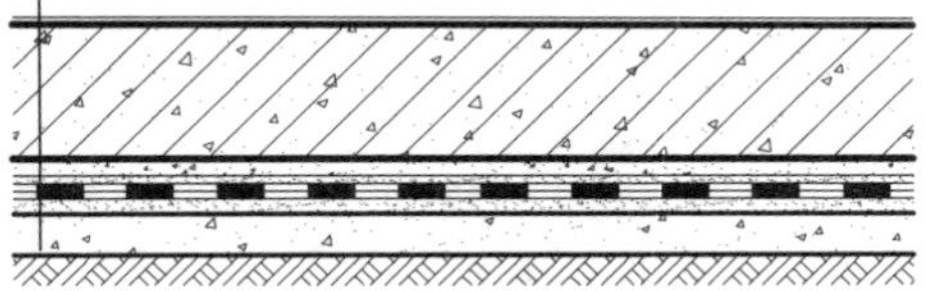

① 地下室底板一级防水构造

面层(见具体设计)
防水钢筋混凝土底板
细石混凝土保护层
隔离层(见具体设计)
1.5 mm SEP-2000交联反应型自粘高分子防水卷材
1.5 mm SEP-2000交联反应型自粘高分子防水卷材
水泥砂浆找平层
混凝土垫层
地基土

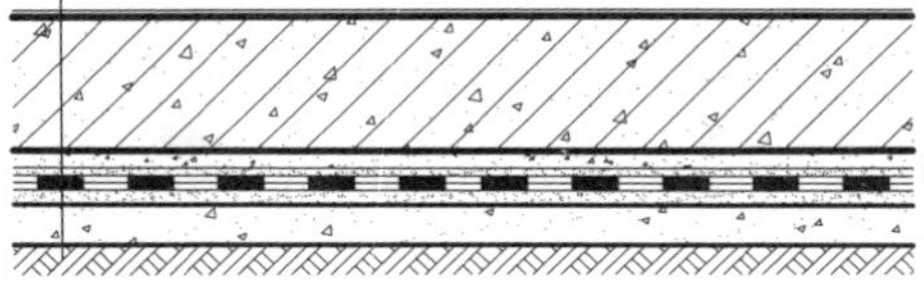

② 地下室底板一级防水构造

面层(见具体设计)
防水钢筋混凝土底板
细石混凝土保护层
隔离层(见具体设计)
1.5 mm HEP-1000白色聚氨酯防水涂料
(或2.0 mm HEP-2000非固化橡胶沥青防水涂料)
1.0 mm SY-928水泥基渗透结晶型防水涂料
水泥砂浆找平层
混凝土垫层
地基土

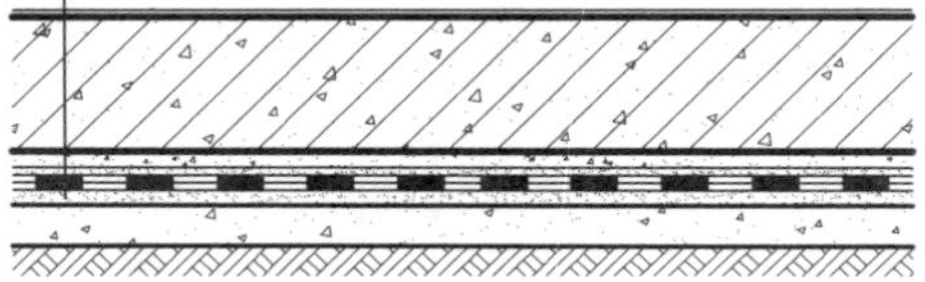

③ 地下室底板一级防水构造

面层(见具体设计)
防水钢筋混凝土底板
细石混凝土保护层
隔离层(见具体设计)
1.5 mm SEP-2000交联反应型自粘高分子防水卷材
(或1.5 mm SEP-3000分子自粘胶膜防水卷材)
(或1.5 mm HEP-1000白色聚氨酯防水涂料)
(或2.0 mm HEP-2000非固化橡胶沥青防水涂料)
水泥砂浆找平层
混凝土垫层
地基土

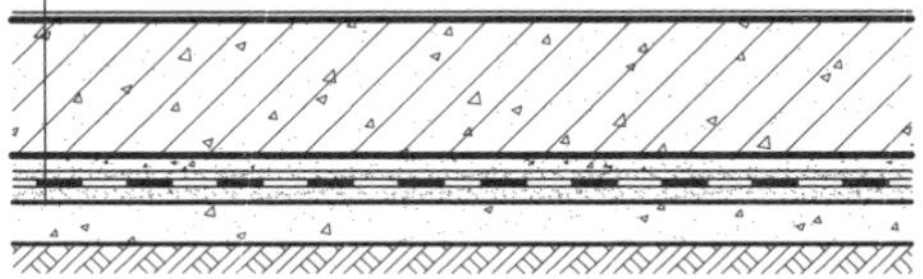

④ 地下室底板二级防水构造

注：不同的防水材料直接叠加应考虑其相容性或增设隔离层。

地下室底板防水构造

校核 南艳丽 编制 王晓

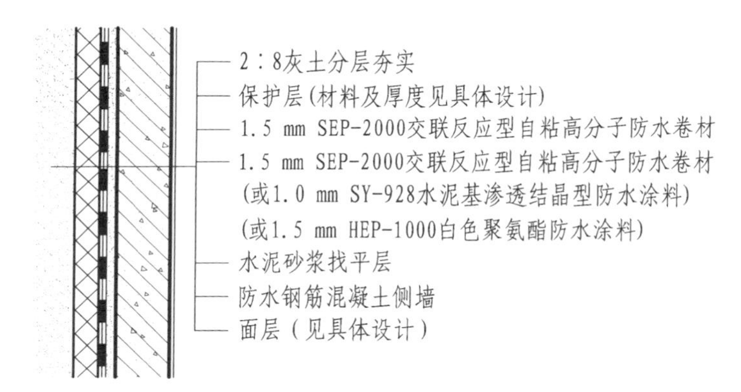

① 地下室外墙一级防水构造

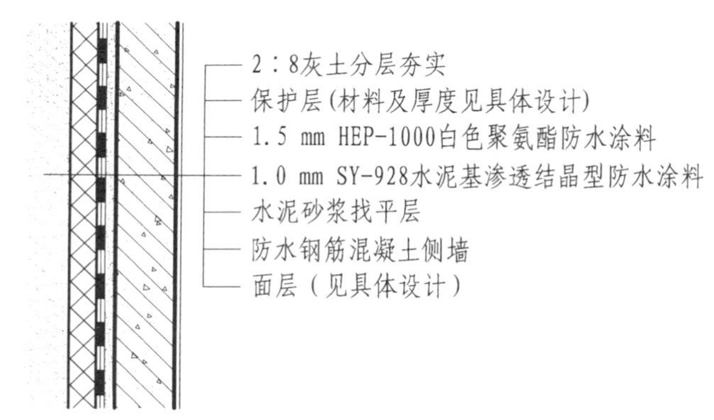

② 地下室外墙一级防水构造

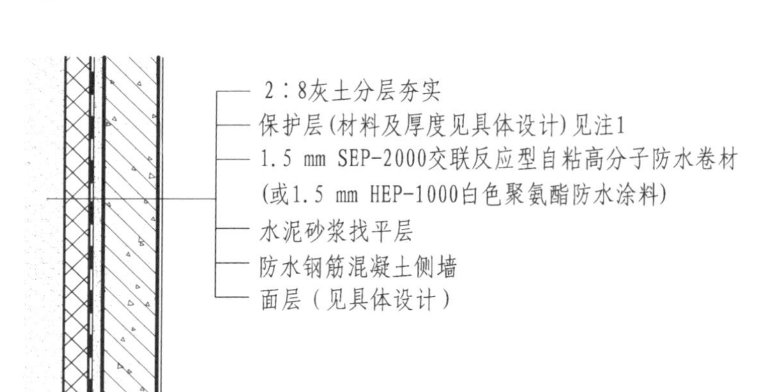

③ 地下室外墙二级防水构造

注：不同的防水材料直接叠加应考虑其相容性或增设隔离层。

地下室外墙防水构造	西南17J/C304	
	页次	21

校核 南艳丽 编制 王晓

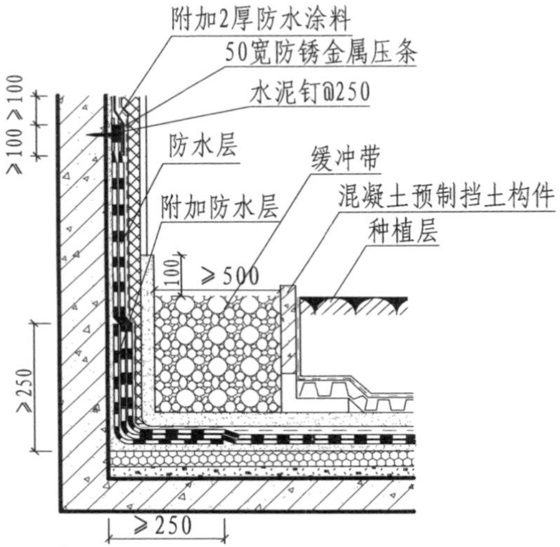

① 地下室顶板立墙泛水构造

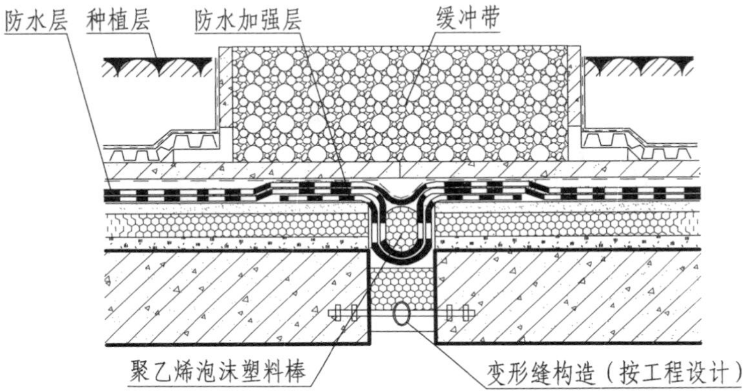

② 地下室顶板变形缝防水构造

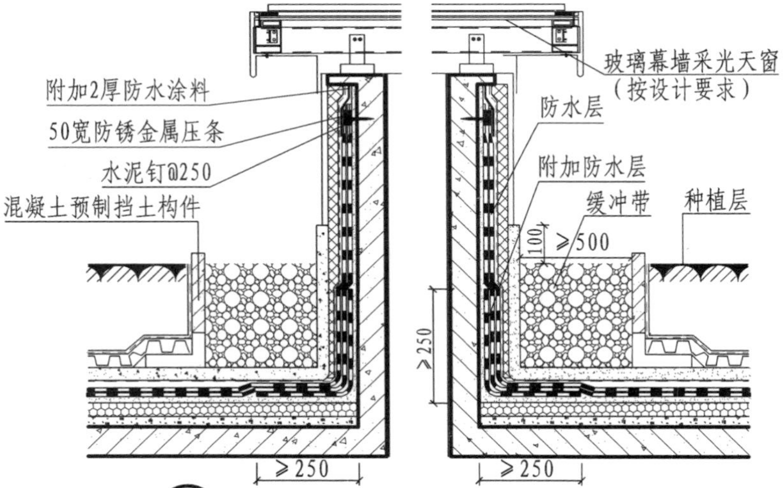

③ 地下室顶板采光天窗防水构造

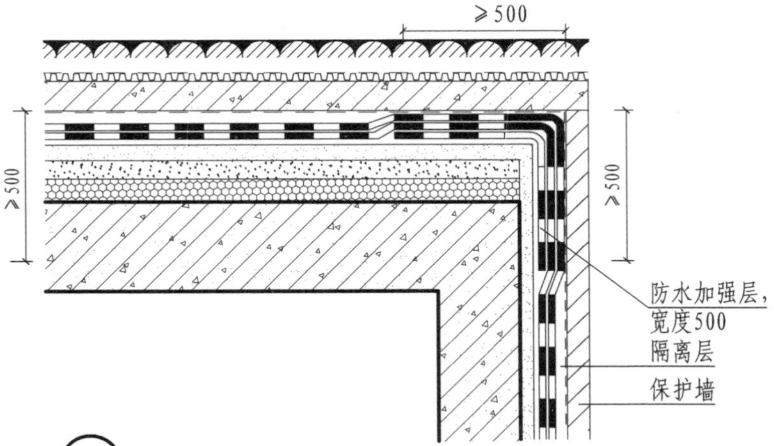

④ 地下室顶板转角自然排水构造

地下室顶板（种植）细部构造	西南17J/C304	
	页 次	22

校核 南艳丽 南艳丽 编制 王晓

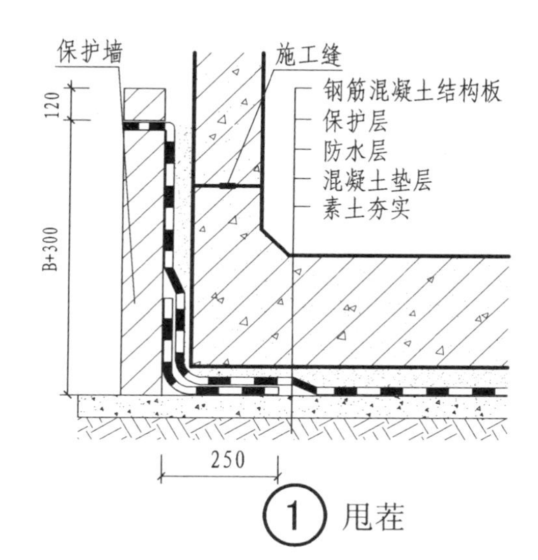

① 甩茬

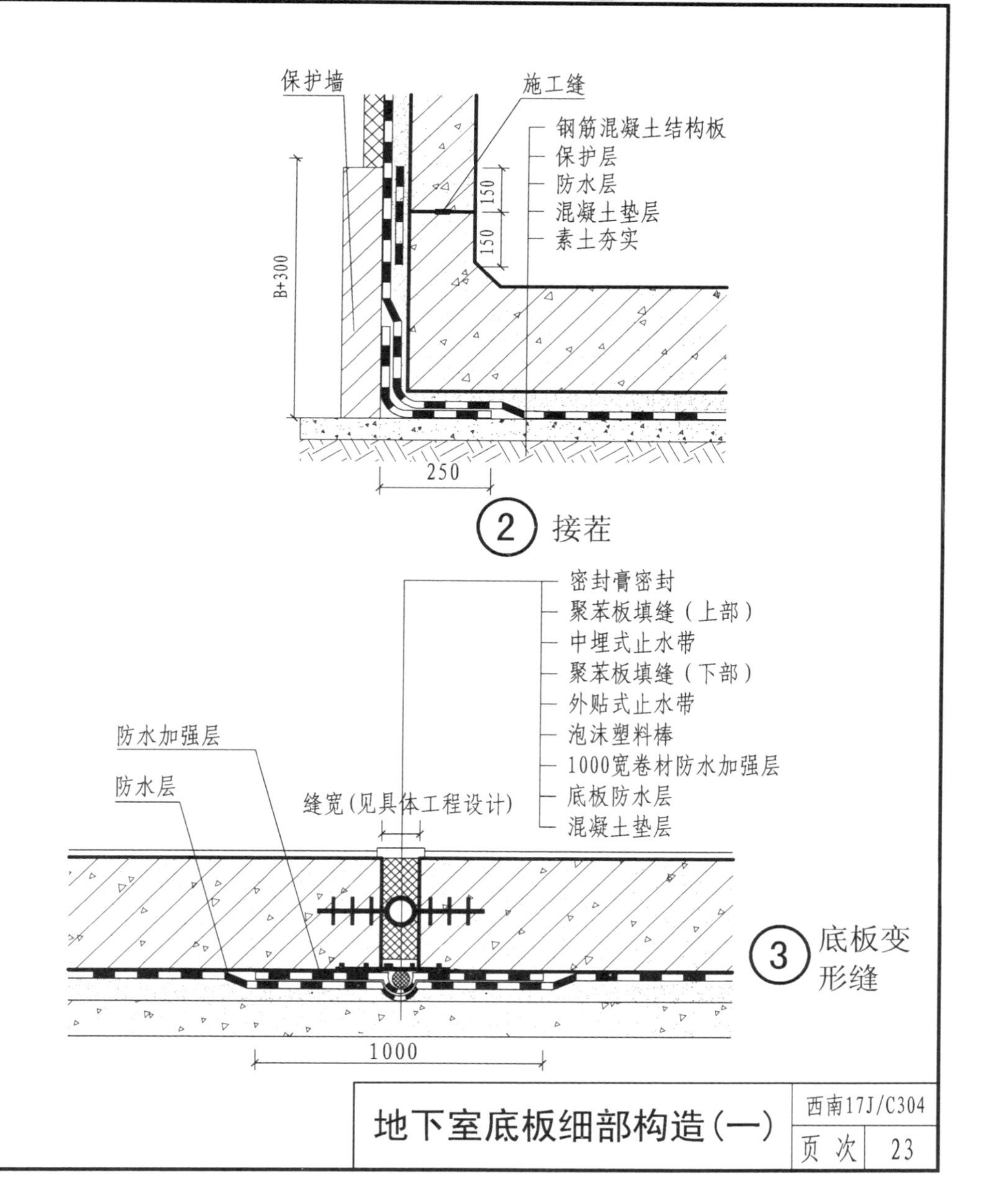

② 接茬

③ 底板变形缝

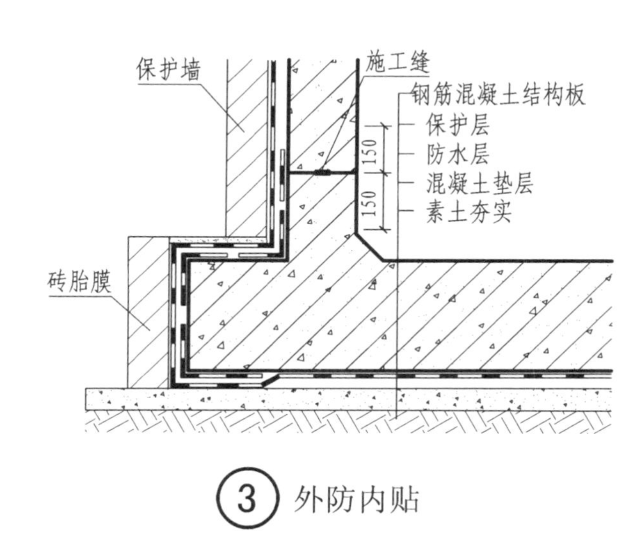

③ 外防内贴

校核	南艳丽	编制	王晓

地下室底板细部构造(一)	西南17J/C304	
	页 次	23

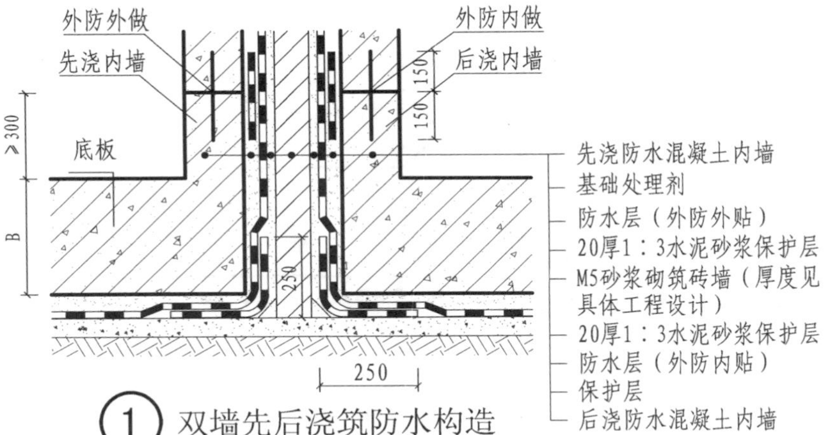

外防外做
先浇内墙
底板
外防内做
后浇内墙
先浇防水混凝土内墙
基础处理剂
防水层（外防外贴）
20厚1：3水泥砂浆保护层
M5砂浆砌筑砖墙（厚度见具体工程设计）
20厚1：3水泥砂浆保护层
防水层（外防内贴）
保护层
后浇防水混凝土内墙
≥300
B
150
150
250
250

① 双墙先后浇筑防水构造

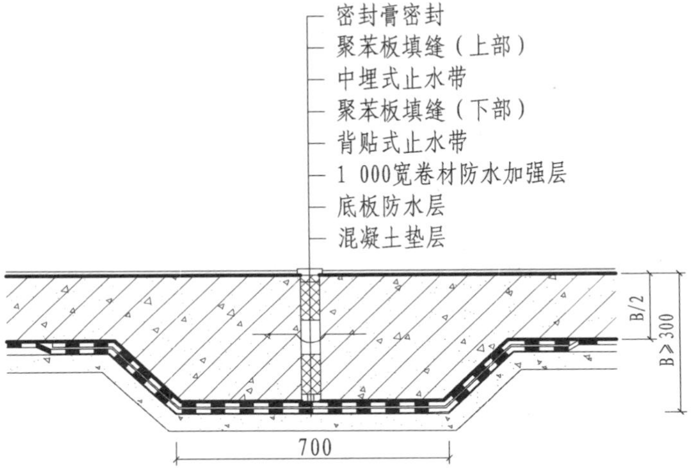

密封膏密封
聚苯板填缝（上部）
中埋式止水带
聚苯板填缝（下部）
背贴式止水带
1 000宽卷材防水加强层
底板防水层
混凝土垫层
B/2
B≥300
700

③ 底板变形缝防水构造

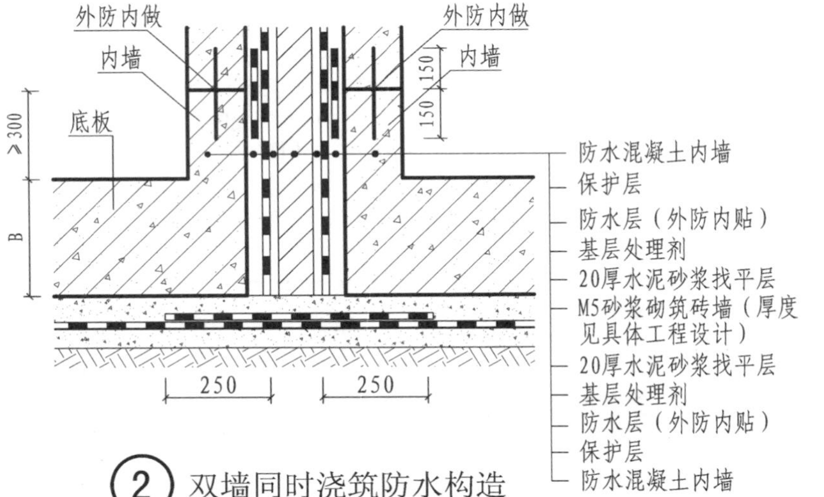

外防内做
内墙
底板
外防内做
内墙
防水混凝土内墙
保护层
防水层（外防内贴）
基层处理剂
20厚水泥砂浆找平层
M5砂浆砌筑砖墙（厚度见具体工程设计）
20厚水泥砂浆找平层
基层处理剂
防水层（外防内贴）
保护层
防水混凝土内墙
≥300
B
150
150
250
250

② 双墙同时浇筑防水构造

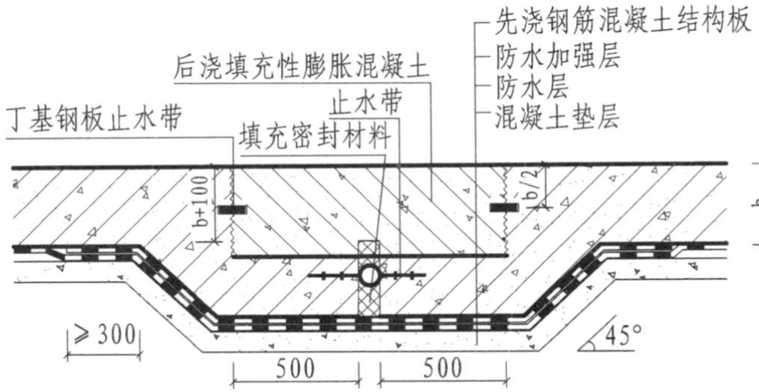

先浇钢筋混凝土结构板
防水加强层
防水层
混凝土垫层
后浇填充性膨胀混凝土
止水带
丁基钢板止水带
填充密封材料
b+100
b/2
b
≥300
500
500
45°

④ 底板后浇带超前止水防水构造

地下室底板细部构造（二）

西南17J/C304

页次 24

校核 南艳丽 编制 王晓

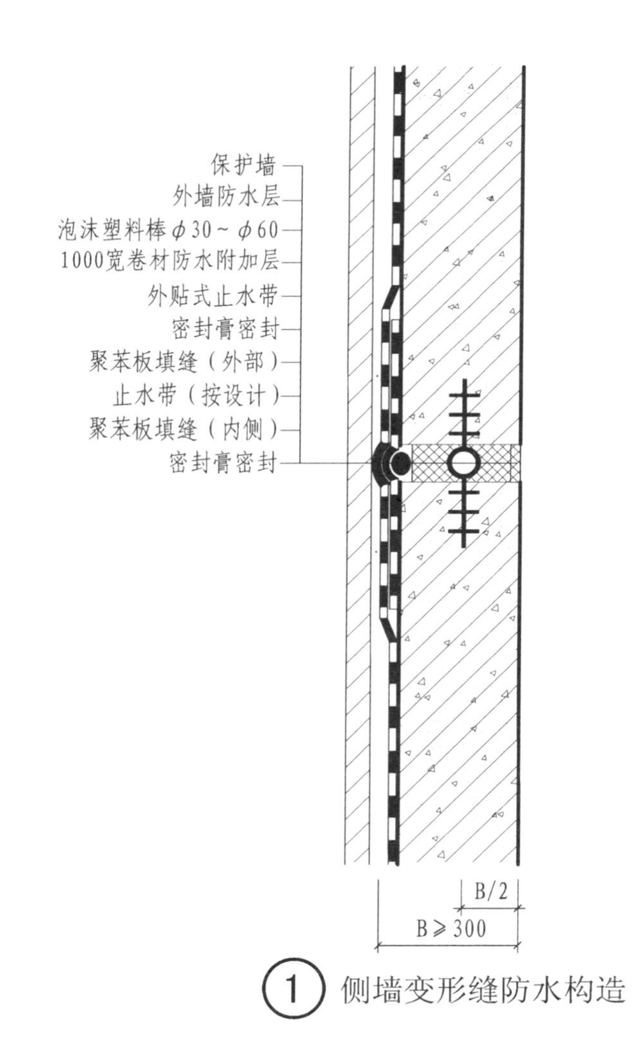

① 侧墙变形缝防水构造

先浇主体结构
防水加强层
防水层
保温层
后浇填充性膨胀混凝土
外贴式止水带
遇水膨胀橡胶止水条
400
300
400
300
≥300
700~1000
≥300

② 外墙后浇带防水构造

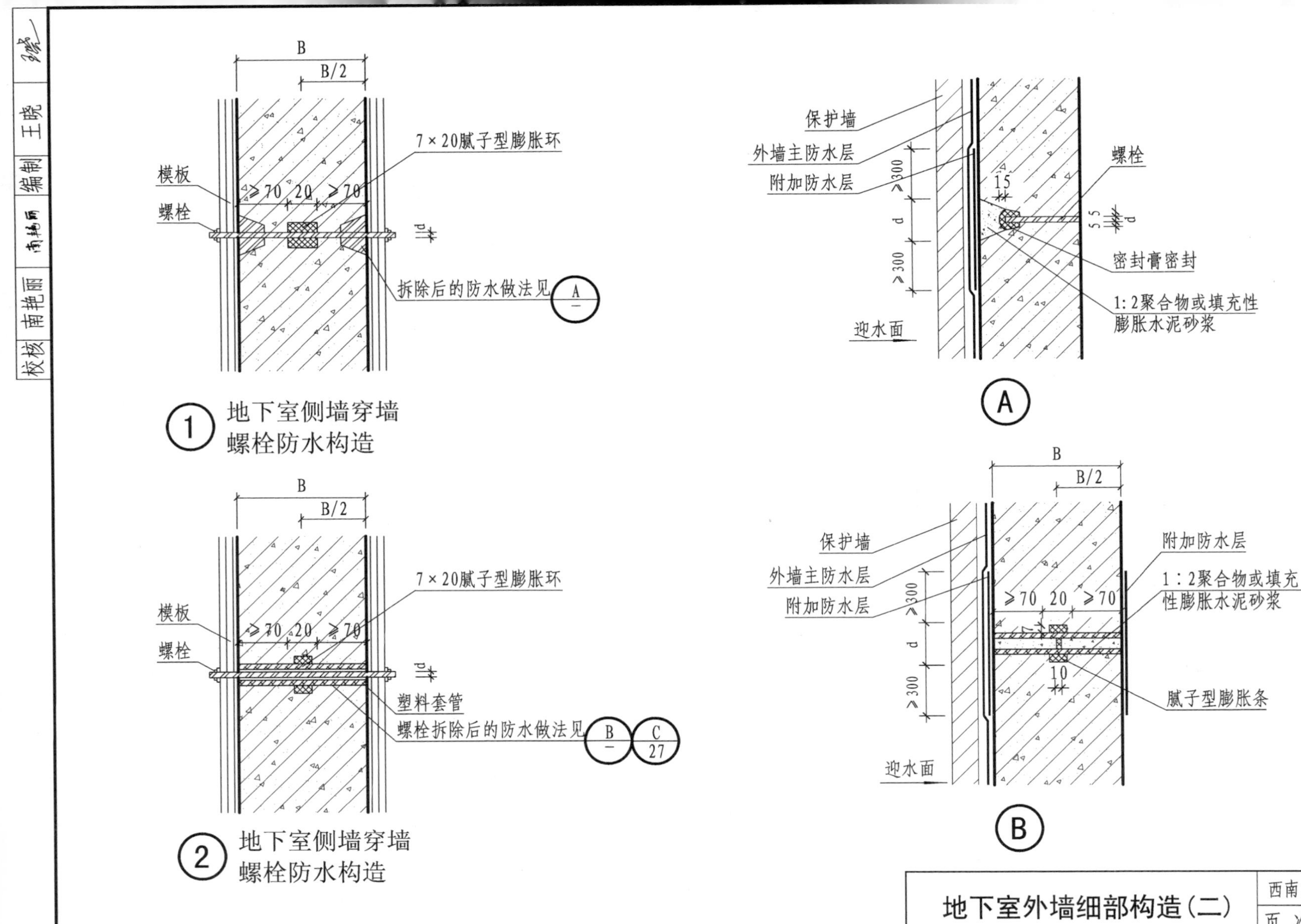

地下室外墙细部构造（二）	西南17J/C304
	页次 26

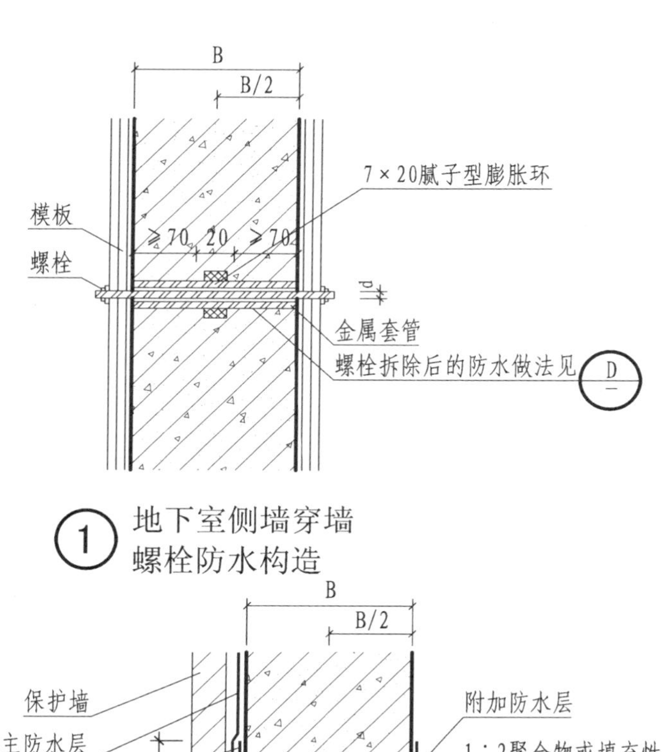

1 地下室侧墙穿墙螺栓防水构造

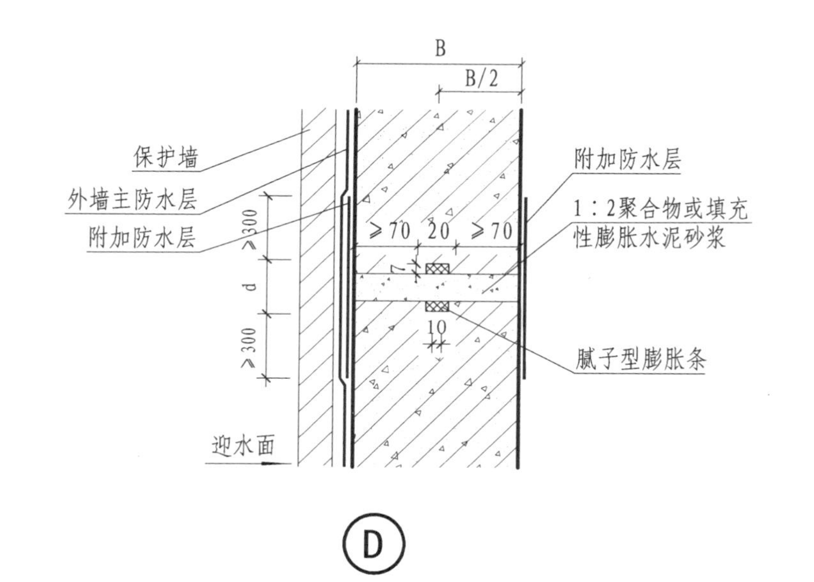

D

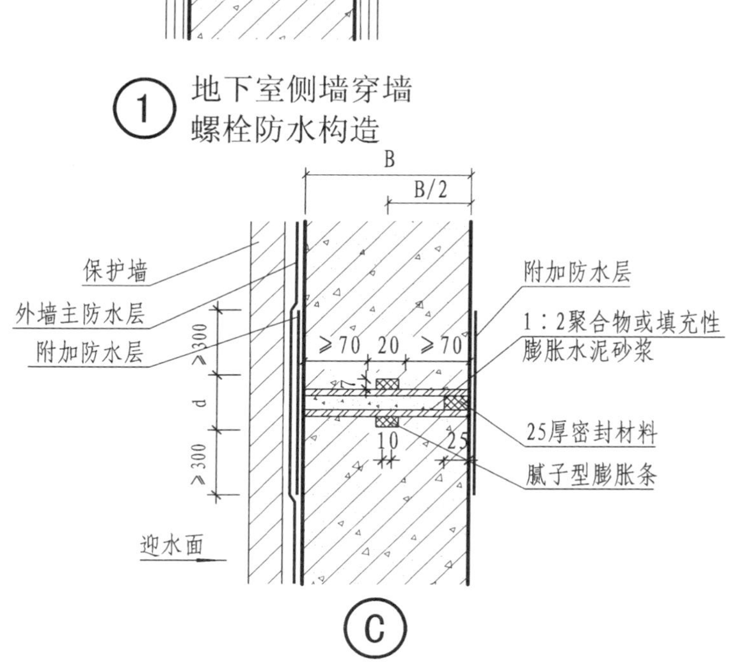

C

注：A、B、C、D节点图附加防水层可选择以下材料：

a. 有机防水涂料

b. 水泥基渗透结晶型防水涂料

c. 聚合物水泥砂浆防水涂料

地下室外墙细部构造（三）	西南17J/C304	
	页次	27

校核 南艳丽 南艳丽 编制 王晓

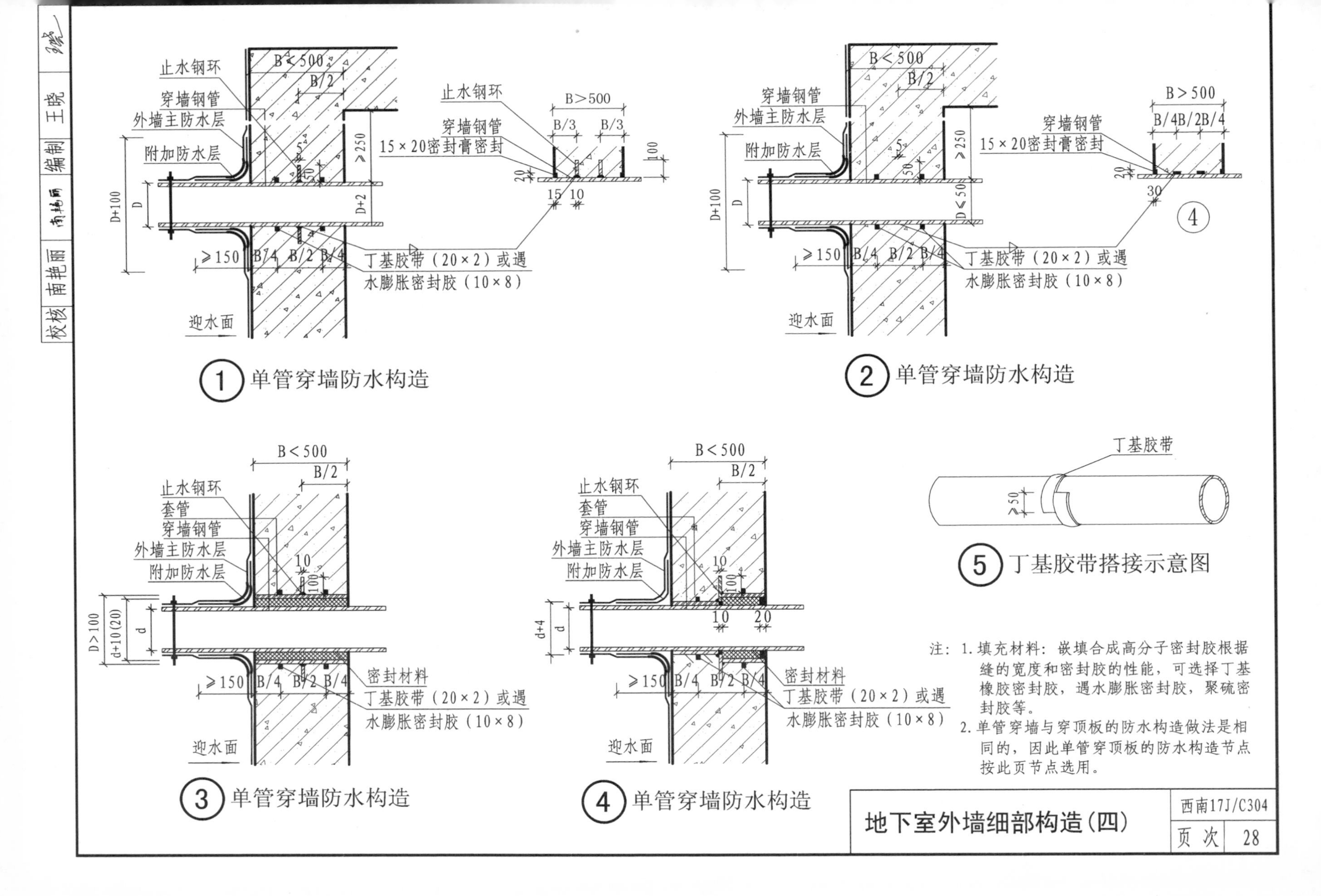

① 单管穿墙防水构造

② 单管穿墙防水构造

③ 单管穿墙防水构造

④ 单管穿墙防水构造

⑤ 丁基胶带搭接示意图

注：1. 填充材料：嵌填合成高分子密封胶根据缝的宽度和密封胶的性能，可选择丁基橡胶密封胶，遇水膨胀密封胶，聚硫密封胶等。
2. 单管穿墙与穿顶板的防水构造做法是相同的，因此单管穿顶板的防水构造节点按此页节点选用。

地下室外墙细部构造（四）	西南17J/C304	
	页次	28

校核 南艳丽 编制 王晓

校核 南艳丽 南艳丽 编制 王晓 王晓

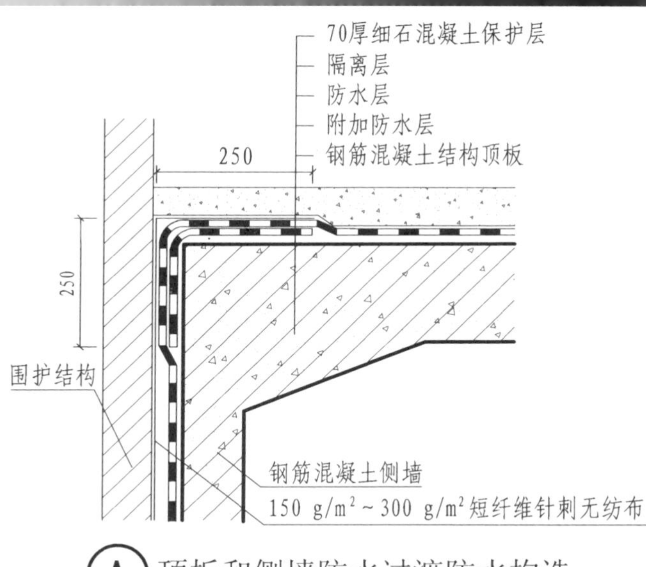

Ⓐ 顶板和侧墙防水过渡防水构造

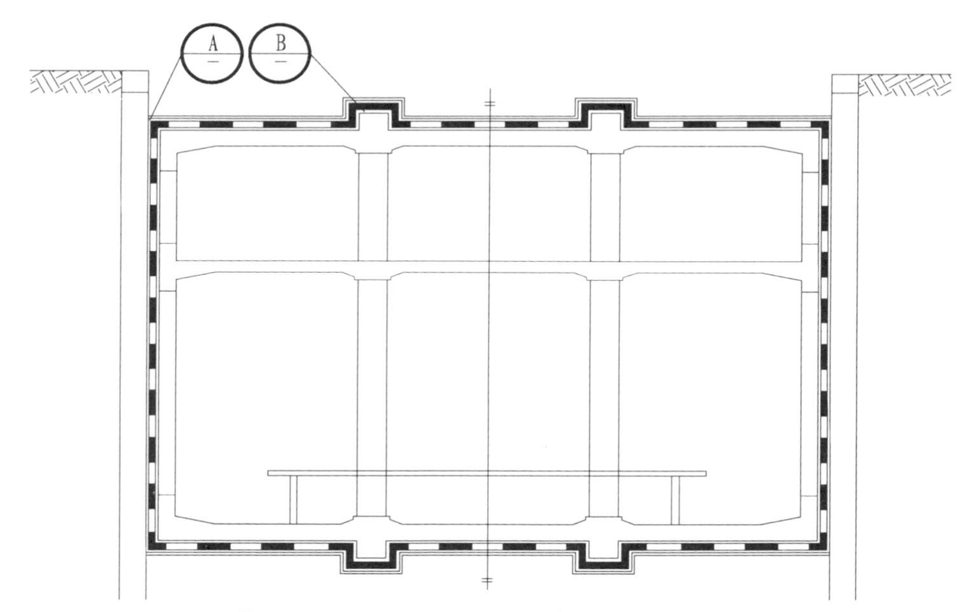

① 桩、墙支护明挖横剖面防水示意图

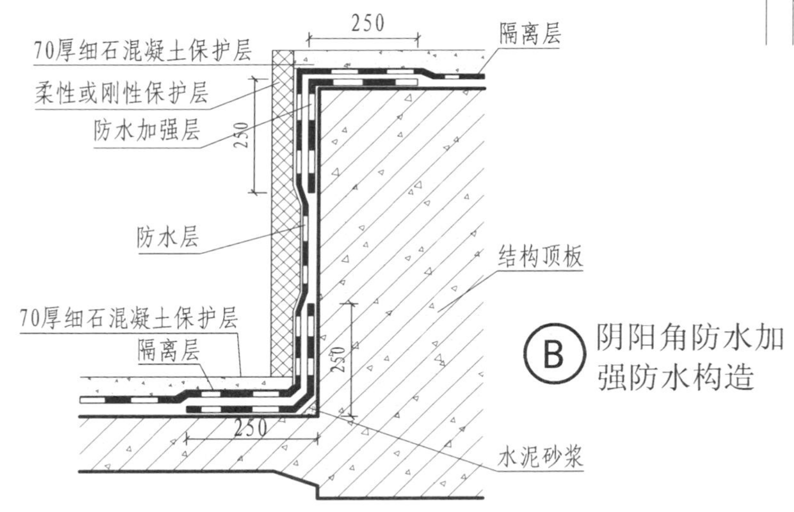

Ⓑ 阴阳角防水加强防水构造

注：1. 顶板隔离层可选用350纸胎油毡、150 g/m²短纤维针刺无纺布或4厚PE泡沫塑料或0.5厚PE塑料薄膜等，具体由设计人员确定。

2. 围护结构表面的找平层可采用喷射混凝土，也可采用20厚1：2.5水泥砂浆，当采用水泥砂浆进行找平时，可取消150 g/m²~300 g/m²的针刺短纤维无纺布。

3. 细石混凝土保护层的强度等级为C20。

地下构筑物明挖防水构造（一）

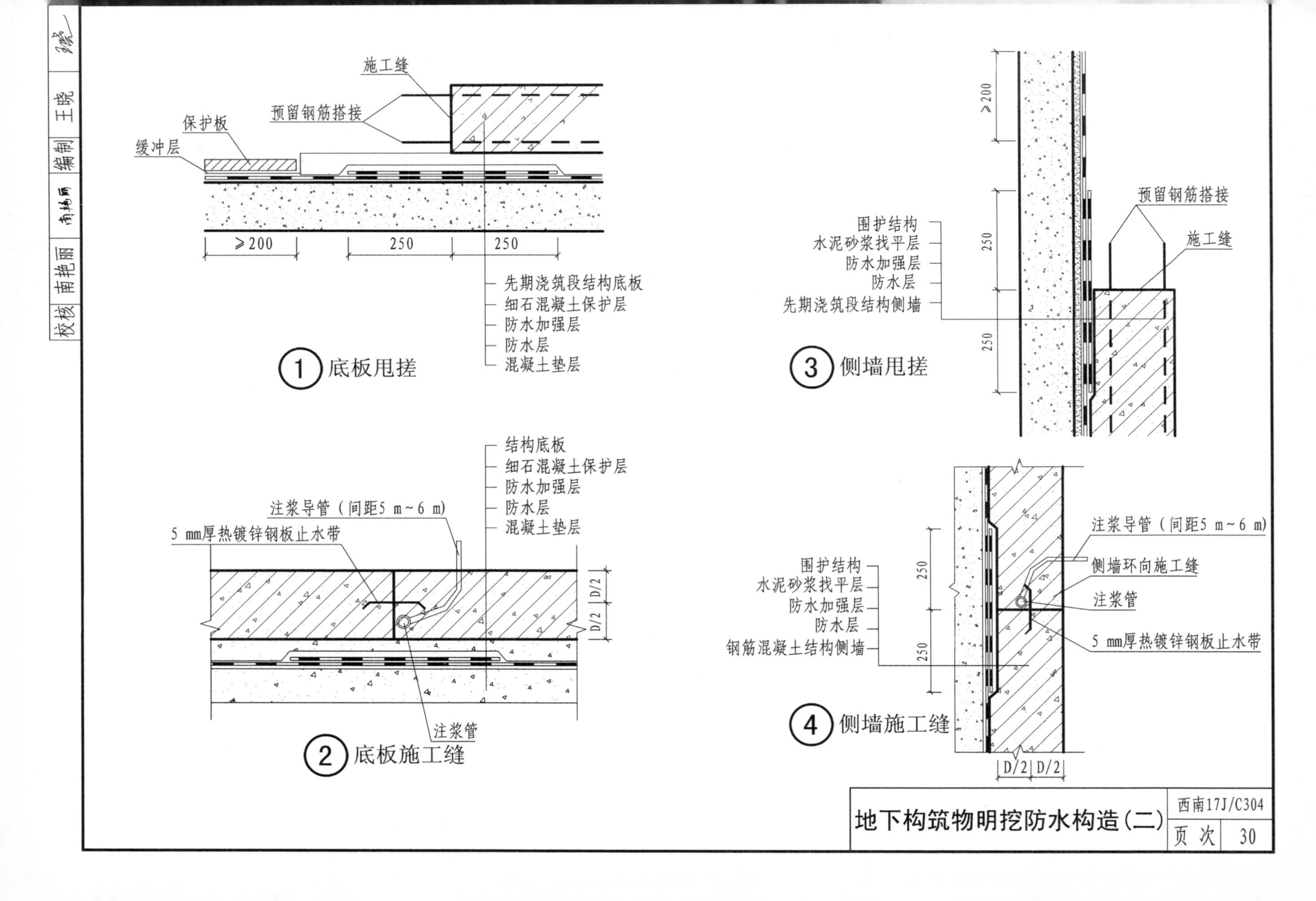

地下构筑物明挖防水构造（二）

西南17J/C304

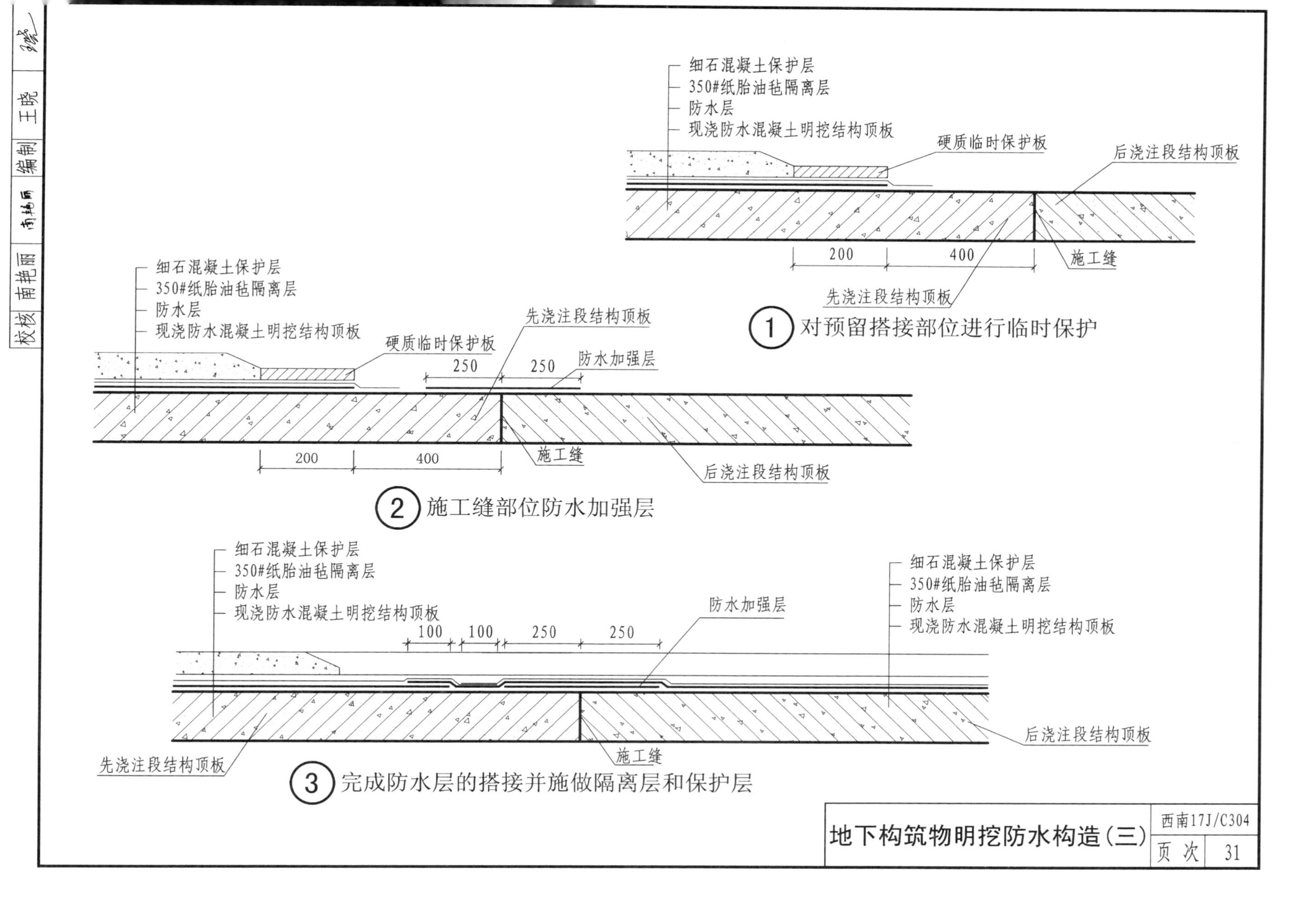

地下构筑物明挖防水构造（三）

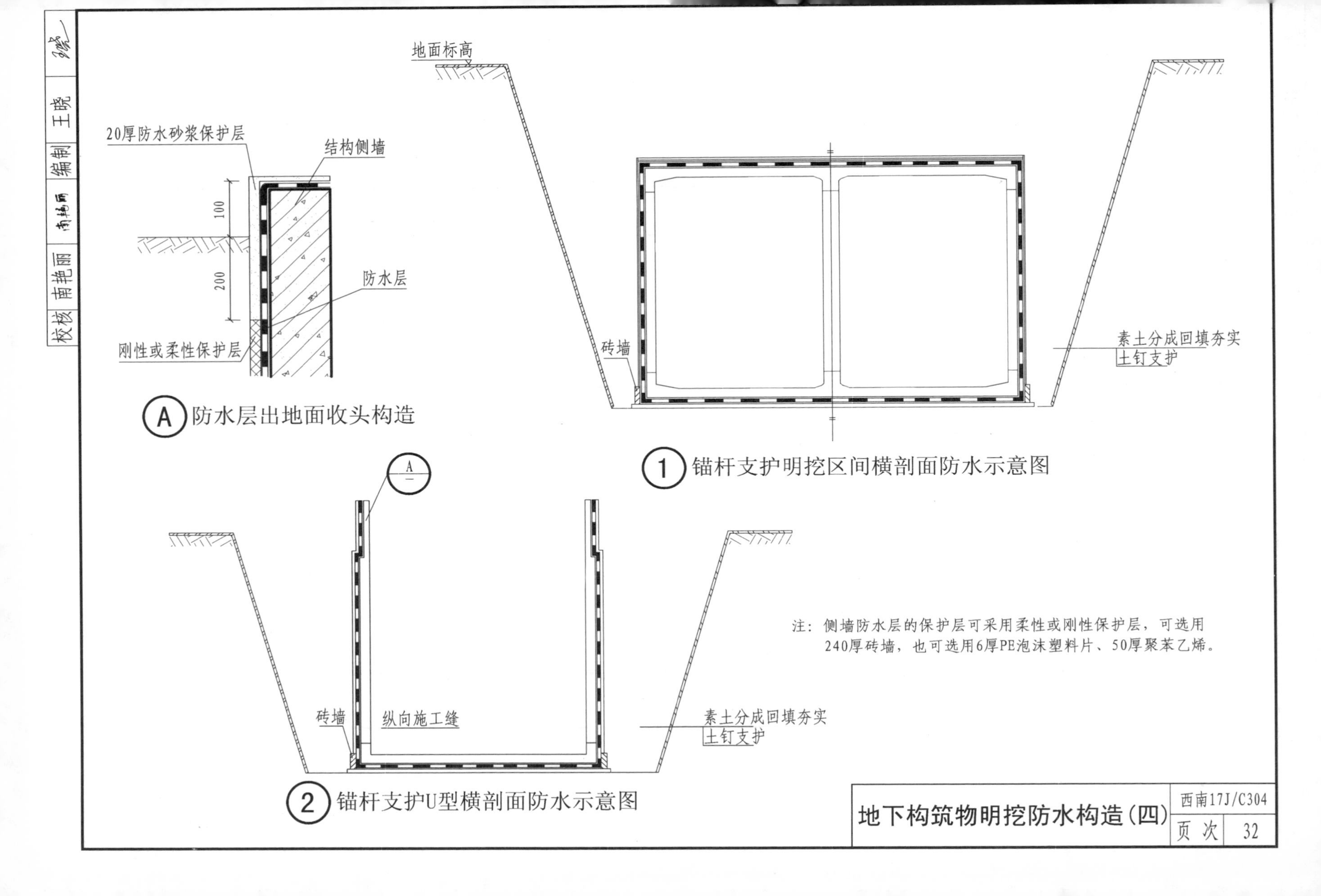

注：侧墙防水层的保护层可采用柔性或刚性保护层，可选用240厚砖墙，也可选用6厚PE泡沫塑料片、50厚聚苯乙烯。

地下构筑物明挖防水构造(四)

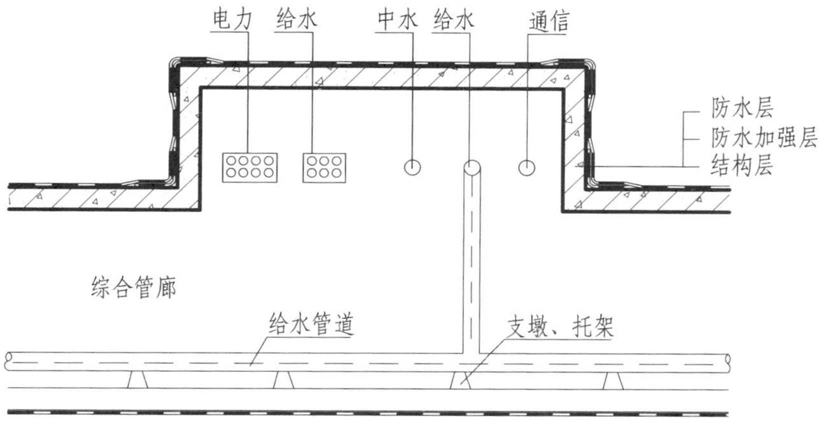
电力
给水
中水
给水
通信
防水层
防水加强层
结构层
综合管廊
给水管道
支墩、托架

① 阴阳角防水构造

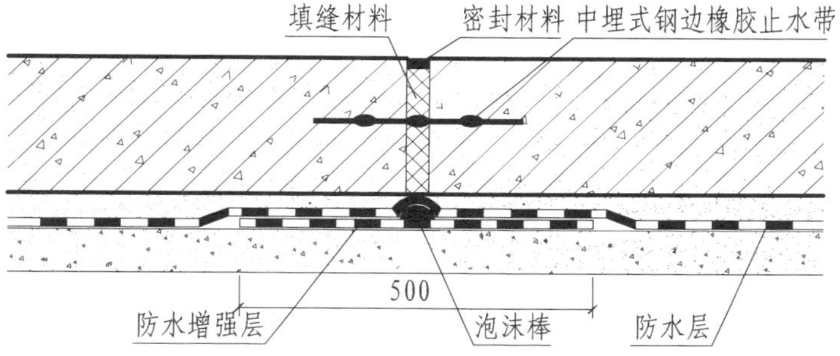
填缝材料
密封材料
中埋式钢边橡胶止水带
500
防水增强层
泡沫棒
防水层

② 施工缝防水构造

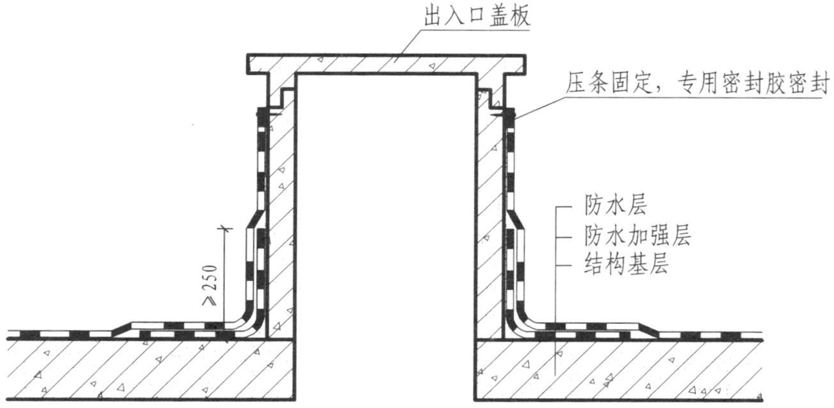
出入口盖板
压条固定，专用密封胶密封
防水层
防水加强层
结构基层
≥250

③ 出入口防水构造

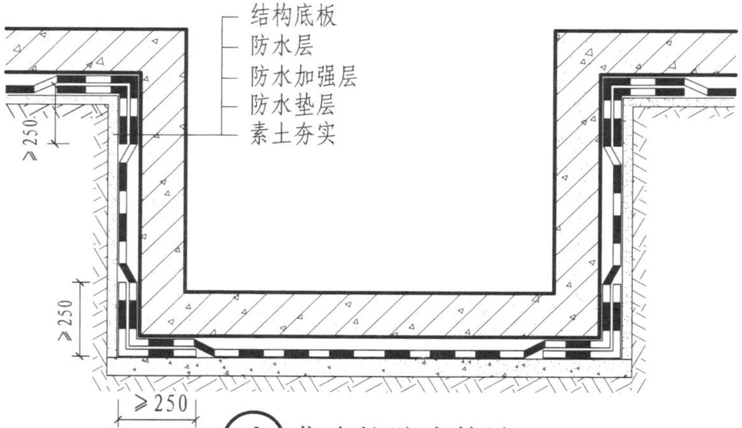
结构底板
防水层
防水加强层
防水垫层
素土夯实
≥250
≥250
≥250

④ 集水坑防水构造

地下综合廊道防水构造（一）	西南17J/C304	
	页 次	33

校核 南艳丽 编制 王晓

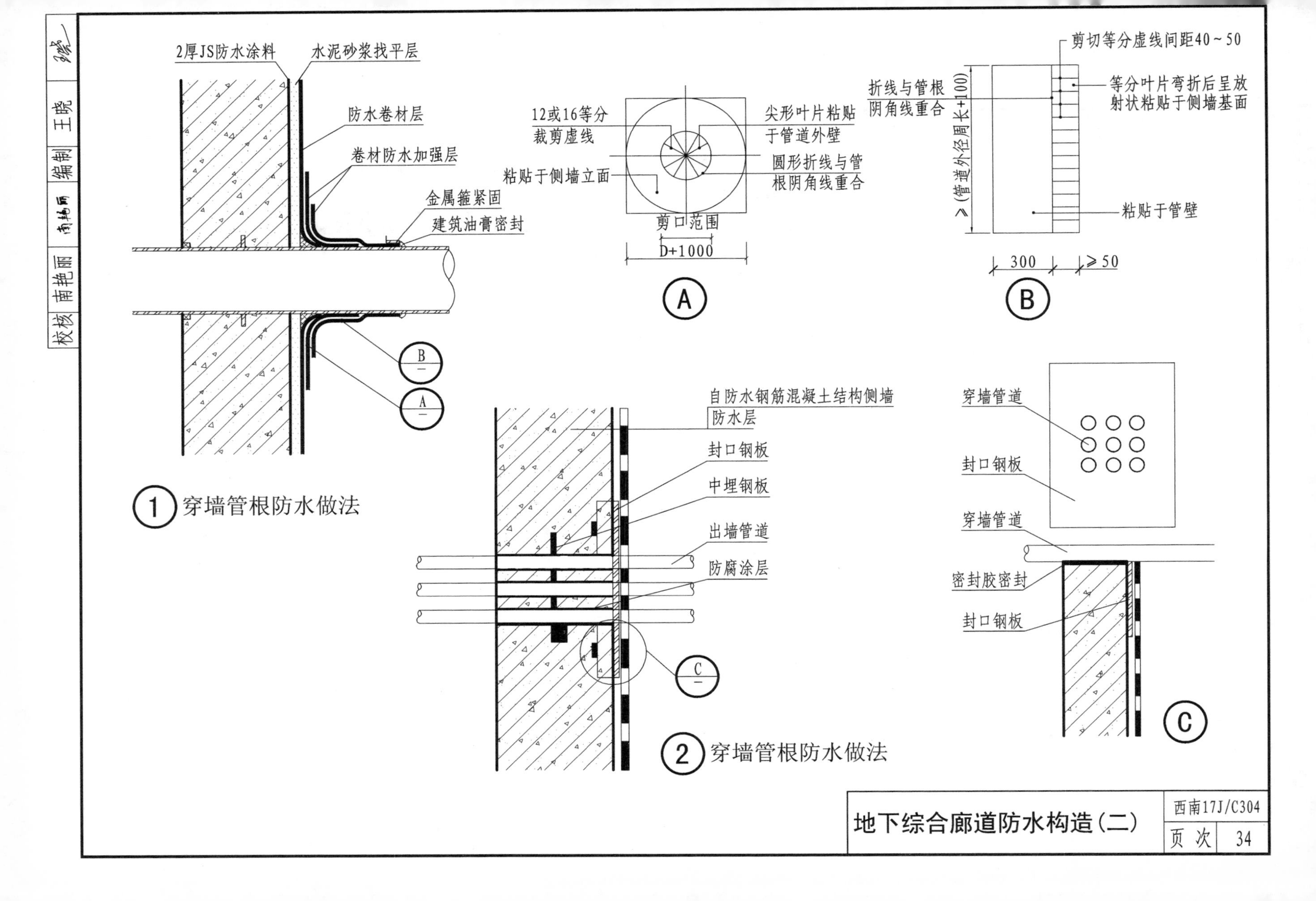
2厚JS防水涂料
水泥砂浆找平层
防水卷材层
卷材防水加强层
金属箍紧固
建筑油膏密封
B
A
①穿墙管根防水做法
12或16等分
裁剪虚线
尖形叶片粘贴
于管道外壁
粘贴于侧墙立面
圆形折线与管
根阴角线重合
剪口范围
D+1000
A
剪切等分虚线间距40～50
折线与管根
阴角线重合
等分叶片弯折后呈放
射状粘贴于侧墙基面
≥(管道外径周长+100)
粘贴于管壁
300
≥50
B
自防水钢筋混凝土结构侧墙
防水层
封口钢板
中埋钢板
出墙管道
防腐涂层
C
②穿墙管根防水做法
穿墙管道
封口钢板
穿墙管道
密封胶密封
封口钢板
C
校核 南艳丽
编制 王晓
地下综合廊道防水构造(二)
西南17J/C304
页次 34

附录

本图集对SEP、HEP系列几种主要的防水材料做了详细介绍，本附录对SY-810耐根穿刺SBS改性沥青防水卷材、SY-928水泥基渗透结晶型防水涂料(简称CCCW)、SY-836蓄排水板防水材料做简单介绍。

(1) SY-810耐根穿刺SBS改性沥青防水卷材。

SY-810耐根穿刺SBS改性沥青防水卷材是以聚酯纤维毡为胎基，以SBS改性沥青混合料为涂盖层，以高强聚酯毡为胎体，以聚乙烯膜细沙或矿物粒料为隔离材料，在此基础上添加进口的阻根剂而制成的防水卷材。其性能指标见表35.1

表35.1 SY-810耐根穿刺SBS改性沥青防水卷材性能指标

序号	项目		指标
1	耐根穿刺性能		通过
2	耐霉菌腐蚀性	防霉等级	0级或1级
		拉力保持率/%≥	80
3	尺寸变化率/%≤		1.0
4	可溶物含量/(g/m²)	≥	4mm 2900，5mm 3500
5	不透水性	压力/MP ≥	0.3
		保持时间 ≥	30min
6	耐热性	℃	105
		≤2mm	2
		试验现象	无滑动、流淌、滴落

续表35.1

序号	项目		指标
7	拉力/(N/50mm)	纵向≥	800
		横向≥	
8	最大拉力时的延伸率/%	纵向≥	40
		横向≥	
9	低温柔度/℃		-25
			无裂纹

(2) SY-928水泥基渗透结晶型防水涂料(简称CCCW)。

SY-928水泥基渗透结晶型防水涂料是由水泥、骨料和多种特殊的活性化学物质组成的无机材料。防水原理是活性化学物质利用混凝土本身固有的化学特性及多孔性，以水为载体，借助渗透作用，在混凝土微孔及毛细管传输，催化混凝土内的微粒和未完全水化的成分再次发生水化作用，形成不溶性的长连结晶体并与混凝土结合成为整体，达到永久性的防水、防潮，保护钢筋，增强混凝土强度等作用，施工简单方便，环保无毒。其主要技术指标见表36.1。

校核 南艳丽 南艳丽 编制 王晓 王晓

表36.1 SY-928水泥基渗透结晶型防水涂料物理性能指标

序号	项目内容		性能指标
1	外　观		均匀、无结块
2	含水率/% ≤		1.5
3	细度，0.63 mm筛余/% ≤		5
4	氯离子含量/% ≤		0.1
5	施工性	加水搅拌后	2.8
		20 min	15
6	抗折强度/MPa，28 d ≥		1.0
7	抗压强度/MPa，28 d ≥		报告实测值
8	湿基面粘结强度/MPa，28 d ≥		250
9	砂浆抗渗性能	带涂层砂浆的抗渗压力a/MPa，28d	报告实测值
		抗渗压力比（带涂层）/%，28d ≥	250
		去除涂层砂浆的抗渗压力a/MPa，28 d	报告实测值
		抗渗压力比（去除涂层）/%，28 d ≥	175
10	混凝土抗渗性能	带涂层混凝土的抗渗压力a/MPa，28 d	报告实测值
		抗渗压力比（带涂层）/%，28 d ≥	250
		去除涂层混凝土的抗渗压力a/MPa，28 d	报告实测值
		抗渗压力比（去除涂层）/%，28 d ≥	175
		带涂层混凝土的第二次抗渗压力/MPa，56 d ≥	报告实测值
			250

(3) SY-836蓄排水板。

SY-836蓄(排)水板是以高密度聚乙烯和聚丙烯为主，经过压型制成的凹凸且形成一定蓄排水空间的压型板材。通过排泄汇集到板材料表面的环境水对基层起到防排水保护作用。其特性为耐腐蚀、强度高、延伸性好，导水、排水、蓄水、保温隔热等优点。其物理性能指标见表36.2。

表36.2 SY-836防排水板性能指标

序号	项目		指标
1	伸长率10%时拉力/(N/100mm) ≥		350
2	最大拉力/(N/100mm) ≥		600
3	断裂伸长率/% ≥		25
4	撕裂性能/N ≥		100
5	压缩性能	压缩率为20%时最大强度/kPa ≥	150
		极限压缩现象	无破裂
6	低温柔度		-10℃无裂纹
7	热老化(80℃，168 h)	伸长率10%时拉力保持率/% ≥	80
		最大拉力保持率/% ≥	90
		断裂伸长率保持率/% ≥	70
		压缩率为20%时最大强度保持率/% ≥	90
		极限压缩现象	无破裂
		低温柔度	-10℃无裂纹
8	纵向通水量（侧压力150 kPa)/(cm^3/s)		≥ 10

四川蜀羊防水材料有限公司

四川蜀羊防水材料有限公司创建于1997年，四川省蜀羊防水工程有限公司创建于2002年，是集科研生产、销售施工、技术服务为一体的防水系统综合服务商。公司历经19年的发展，现拥有四川、陕西、江西三大生产基地，是中国大型防水材料生产企业之一。

公司拥有三十多项发明专利和实用新型专利，参与了多项国家标准的编制工作，是国家重点高新技术企业、中国建筑防水行业信用评价AAA级信用企业、四川省省级创新型企业、四川省质量信用AAA级企业、省级守合同重信用企业、四川省建设科技成果推广应用先进企业、四川省省级企业技术中心，中心实验室于2014年被评定为全国防水行业标准化实验室。

公司主营产品：改性沥青卷材系列、自粘卷材系列、高分子卷材系列、防水涂料系列、家装防水系列；产品荣膺“四川名牌”“四川省著名商标”“中国防水行业知名品牌”“建筑防水行业质量奖”。通过中国环境标志“十环认证”，荣获“绿色建筑选用产品证明商标”，连续六年被住房和城市建设部评为“防水专项科技成果推广产品”。

凭借雄厚的技术研发优势、先进的检测设备、完善的检测系统、高素质的职工队伍以及严格的生产管理，公司销售业绩列于西部地区前茅。

自2008年开始，蜀羊防水公司先后拿出数百万元善款资助教育事业、向地震灾区捐款捐物、资助贫困学生等。在未来，蜀羊防水公司会一直将公益事业进行到底，帮助更多的人。

蜀羊防水公司作为西部防水行业企业，销售网络覆盖二十多个省、自治区、直辖市，蜀羊始终坚持以高品质的产品、创新型技术、专业化服务、广泛共赢的合作模式，为打造国内一流防水系统综合服务商而不断努力。